让孩子大开眼界的传奇百科

神奇的
进化奇迹

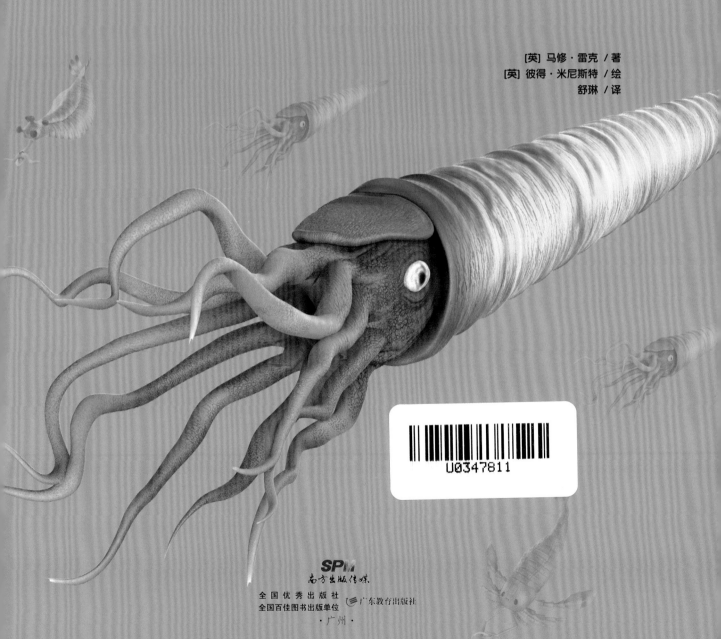

[英] 马修·雷克 / 著

[英] 彼得·米尼斯特 / 绘

舒琳 / 译

U0347811

SPM
南方出版传媒

全国优秀出版社
全国百佳图书出版单位
· 广州 ·

广东教育出版社

图书在版编目（CIP）数据

神奇的进化奇迹 /（英）马修·雷克著；（英）彼得·米尼斯特绘；
舒琳译. —广州：广东教育出版社，2020.6
（让孩子大开眼界的传奇百科）
书名原文：The incredible story of life on earth
ISBN 978-7-5548-2902-8

Ⅰ. ①神… Ⅱ. ①马… ②彼… ③舒… Ⅲ. ①进化论—少儿读
物 Ⅳ. ①Q111-49

中国版本图书馆CIP数据核字（2019）第134110号

本书经由英国 HUNGRY TOMATO LTD 授权广东教育出版社有限公
司仅在中国内地出版发行。
广东省版权局著作权合同登记号
图字：19-2019-016 号

神奇的进化奇迹
SHENQI DE JINHUA QIJI

责任编辑：李　慧　惠　丹　陈定天
责任技编：姚健燕
装帧设计：友间文化
出版发行：广东教育出版社
　　　　　（地址：广州市环市东路 472 号 12-15 楼　邮政编码：510075）
网　　址：http://www.gjs.cn
经　　销：广东新华发行集团股份有限公司
印　　刷：广东信源彩色印务有限公司
　　　　　（地址：广州市番禺区南村镇南村村东兴工业园　邮政编码：511442）
开　　本：889 毫米 ×1194 毫米　1/16
印　　张：7.5
字　　数：188 千字
版　　次：2020 年 6 月第 1 版
印　　次：2020 年 6 月第 1 次印刷
书　　号：ISBN 978-7-5548-2902-8
定　　价：48.00 元

质量监督电话：020-87613102　　　邮箱：gjs-quality@nfcb.com.cn

购书咨询电话：020-87615809

前　言

　　高尔基曾说："当书本给我讲到闻所未闻，见所未见的人物、感情、思想和态度时，似乎是每一本书都在我面前打开了一扇窗户，让我看到一个不可思议的新世界。"

　　好奇心和探索欲是孩子的天性，"让孩子大开眼界的传奇百科"正是一套能为孩子打开眼界、激发他们探求科学知识热情的图书。它抓住了孩子的猎奇心理，精选百科中最独特的知识点，展现出大千世界更广阔、更神奇的一面。

　　首先，本套丛书的主题涵盖了自然、人文、交通工具等方面，内容丰富有趣。从地球的诞生到生命的出现，你既可以看到各种不可思议的史前生物，也能了解恐龙从起源到灭绝的演变。动物世界最能说明"物竞天择，适者生存"这一法则，它们为了生存，进化出的捕猎和防御手段堪称一绝。当人类步入文明社会后，距离也不再是阻挡人类发展的障碍，因为有了快过声速的飞机，不断刷新速度极限的火车、汽车和摩托车……

　　其次，本套丛书的作者均是英国顶尖的科普作家，比如曾经四次入围"英国皇家学会青年图书奖"的国际畅销科普书作家约翰·范登等。同时，书中的精美插图看起来栩栩如生，所带来的感官效果堪比好莱坞大片，读者既能从中感受到磅礴之势，也能体会到惊心动魄之感。

　　为了方便阅读，我们将内容分为四部分，并在文后编排了索引，当你需要的时候，可以通过索引快速找到最吸引你的内容。

　　现在，快快打开这套精美的丛书，一起踏上这段神奇的探索之旅吧！

目 录

一 地球的开端

二 恐龙的统治时代

三　最后的恐龙

四 哺乳动物的崛起

一 　 地球的开端

地球的开端

我们是如何知道这些的

在这个世界上，有些专门从事古生物研究的科学家，我们称之为古生物学家。他们通过寻找和研究化石来了解过去的生物。那么什么是化石呢？简单来说，化石是留存在岩石中的古生物遗体、遗物或遗迹。

化石主要分为两种：实体化石和遗迹化石。实体化石保存的是动植物的实体部分。遗迹化石保存的则是生物留下的痕迹，例如，某一种动物曾居住过的洞穴或留下的足迹，又或者是某一种植物曾扎根过的土壤。

嗨，我的名字是阿克利，我是一只棘螈。

我是你的向导，我会给你讲述一个伟大的故事——地球上的生命是如何进化的，或者换一种说法——

我们是怎么来到这儿的。

我将告诉你那些极小的、用肉眼无法看见的微生物是如何进化成巨大的恐龙的，以及像你这样的智人是如何诞生的。

呃，我似乎说得有点深了。

要知道你们智人才存在不过20万年，而地球已经有45亿岁了。

我们可以将地球的历史看作是一个24小时的时钟，假设地球在午夜形成，那么第一个生命体将会在凌晨4点出现，直到晚上8点，第一批有骨骼的动物才会现身，而最早的恐龙会在晚上10点45分匆匆登场，第一只猫大约在晚上11点50分露面。那智人会在什么时候抵达呢？大约是在午夜差3秒的时候。也就是说，在最后一个小时的最后一分钟里的最后几秒，你们才出现。

所以，这是一个**大故事**。在这里，我们可以了解到世界是如何由气体、尘埃和岩石形成的，第一个微生物又是如何产生的。

然后，我会带领你认识一些最先出现的动物。看，旁边的这种小生物叫欧巴宾海蝎。噢，是的，它吻部的末端是一个爪子。

我还将带领你了解一些最可怕的生物，比如巨型海蝎子，它是一种长得比智人还大的捕食者，它的爪子足足有网球拍那么大。

还有最早的陆生动物，它是一种极小的形似马陆的生物。大约1亿年后，这种生物进化成鳄鱼般大小。

当然，像这样的无脊椎动物并不是陆地上唯一的动物。当鱼进化出肺和肢体后，它们也就可以在陆地上生活了。

我就是在这个时候出现的。

你知道吗？我们棘螈可是很有来头的：我们是第一批从水中爬到陆地上的物种之一。

大约在2.5亿年前，地球上还生活着似哺乳类爬行动物，如犬齿兽，它看起来很像现代的狗（见下图）。不过，它们在恐龙时代就灭绝了……

显然，那是另外一个故事了。

地球面貌的改变

你或许会认为，世界地图在任何时期都是一样的。然而，就如同动植物的巨大演变一样，纵观地球历史，大陆板块也发生过显著的变化。约2.25亿年前，整个世界还是一个被称作泛大陆的超级大陆。

约2.25亿年前

约2亿年前泛大陆分裂成两部分：北部的劳亚古陆和南部的冈瓦纳古陆。

约2亿年前

约6500万年前，恐龙灭绝后的世界看起来更像现在的样子。劳亚古陆分裂为西边的北美洲和东边的欧洲、亚洲。冈瓦纳古陆分裂为南美洲、非洲、印度和南极洲—澳大利亚。

约6500万年前

后来，北美洲和南美洲合并，南极洲和澳大利亚分离，印度并入亚洲。

3

进化时间表

尽管**故事起源**于约138亿年前的宇宙大爆炸，但是地球上的生命大约在38亿年前才出现。约23亿年前，大气中有了氧气，它是细菌光合作用产生的废弃物，科学家称之为"大氧化事件"。约6亿年前，地球上空形成了臭氧层，它可以吸收太阳放射出的对生命体有害的紫外射线。它的出现意味着动物最终能够在陆地上生活。

第一种爬行动物是由两栖动物的一个分支演化而来的。爬行动物是第一批永久留在陆地上的脊椎动物。这一时期，广袤的森林覆盖着陆地，这些植物最终被埋入地下，有些形成了煤炭。

在距今5.4亿—5.2亿年前的"寒武纪生命大爆炸"时期，**海洋动物开始出现**。它们会游泳、爬行、挖洞、捕食、保护和隐藏自己。有些生物还进化出了硬体部分，如贝类。

前寒武纪

寒武纪

泥盆纪

石炭纪

生命开始出现在陆地上。植物沿着湖泊、河流和海岸生长，节肢动物（肢体形似马陆的分节动物）冒险涉足陆地。第一种有下颌的鱼出现了。

| 前寒武纪 45.4亿—5.41 亿年前 | 寒武纪 5.41亿—4.85 亿年前 | 奥陶纪 4.85亿—4.43 亿年前 | 志留纪 4.43亿—4.19 亿年前 | 泥盆纪 4.19亿—3.59 亿年前 | 石炭纪 3.59亿—2.99 亿年前 |

这是**恐龙的"黄金时代"**，巨大的植食性恐龙依赖繁茂的蕨类植物、棕榈状的苏铁类植物为生。小而凶猛的肉食性恐龙，则捕食大型的植食性动物。

约20万年前，**智人在非洲出现**。到了约4万年前，他们来到了欧洲、亚洲南部和澳大利亚生活。约1.6万年前，他们进入了北美洲。

侏罗纪

恐龙登场了。第一批哺乳动物和第一种会飞行的脊椎动物（翼龙）也出现了。

许多不同的哺乳动物开始进化——有些留在了陆地上；有些回到了水里，如鲸鱼；有些爬上了树，如猴子。

三叠纪

古近纪

第四纪

白垩纪

新近纪

二叠纪 2.99亿—2.52亿年前	三叠纪 2.52亿—2.01亿年前	侏罗纪 2.01亿—1.45亿年前	白垩纪 1.45亿—6600万年前	古近纪 6600万—2300万年前	新近纪 2300万—260万年前	第四纪 260万年前至今

地球的诞生

——从无到有

数百万年来，地球上都没有生命出现。

事实上，一开始连地球都不存在！

地球最初的组成部分只有尘埃和气体，它们在一个旋涡里旋转。渐渐地，就像水中的旋涡一样，它的中心从太空中吸入了越来越多的物质，比如岩石。

地球通过引力把周围的物质聚集在一起，最后形成了一个固体星球：一个由熔岩和金属组成的、外壳坚硬的巨大的球体。

约45.4亿年前，地球初步形成，那时候的地球并不是一个适合生物生存的好地方——没有水，没有可呼吸的空气，也没有抵御太阳射线的保护层。地球的内部是红色的炙热岩浆，我们称之为熔岩。当火山爆发时，岩浆会喷涌而出。而地球的表面，则不断受到陨石的撞击。

水是地球上生命诞生的必要条件。现如今，地球表面有70%被水覆盖。这些水都是从哪里来的呢？

科学家曾认为，地球形成之初气候炎热干燥，水肯定是从外部来的。也许就是由一颗闯入地球的彗星带来的，因为彗星通常富含冰块。然而，我们现在通过分析得知，彗星上的水不仅会蒸发掉，而且与地球上的水也是不同的。

所以现在有很多科学家认为，水被困在地球的深处，当火山爆发时会以蒸汽的形态喷出。而在地球冷却下来时，蒸汽就变成了液态水。

你知道吗？

在地球形成后的前5亿年里，世界充满了火焰和熔岩。这酷似希腊神话中冥王统治的冥界，所以科学家称这个时期为冥古宙。

地球上已知最古老的岩石就来自冥古宙。它被发现于澳大利亚西部的杰克山，距今已有44亿年的历史。

地狱般的水世界

——生命的开始

这个毫无生命、满是岩浆的炽热世界，到底是怎样变成我们所熟知的这个星球的？各种各样的生命，又是如何涌现在森林、河流和海洋里的？

地球诞生之后，火山爆发产生了巨大的蒸汽云，这些厚厚的云层笼罩在地球上空。

然后，下雨了。

这场倾盆大雨也许持续了数千年，甚至是数百万年！当你下次抱怨被一场阵雨困住的时候，不妨想想这个场景。

所有的生命都是由细胞组成的，细胞是生命的基本单位（病毒除外）。最初的生物仅由一个细胞组成，它们被称为微生物。

关于第一批微生物到底是在哪里形成的，科学家们尚未达成一致意见。有人认为它形成于海中的浅水区，也有人认为它形成于空气中的水滴里。但最新的理论是，生命起源于海底。在海底，沸腾的水通过地心的裂缝喷涌出来，而喷涌的热泉也带来了生命所需的矿物质和能量。印象中，海底并不是一个适合生命生存的好地方，因为水深数百米的海底是没有阳光照射的。不过，当时地球的表面正遭受陨石的撞击和火山熔岩的肆虐，相对来说，海底还是一个不错的地方。

如今，有关深海热泉的研究为这一理论提供了强有力的支撑。研究指出，在深海热泉的周围聚集着丰富的生命群体，包括微生物、蠕虫和巨大的蛤蜊。

你知道吗？

叠层石中含有许多最古老微生物的残骸，如蓝藻。在澳大利亚，科学家就在叠层石中发现了35亿年前的藻类化石。这个发现可以让你真实地了解到那些在地球上出现过的最古老的生命体。

欧巴宾海蝎

——怪异生物

如果有"史上最怪异生物"奖的话，那么**欧巴宾海蝎**将会是夺冠的最热门选手。它有5只蘑菇状的眼睛，整个身体分成15节。它的"长鼻子"（学名：吻部）末端还有一个用来抓东西的爪子。它利用这个"长鼻子"给自己喂食，就像大象用象鼻吃东西一样。或许，它还可以用长鼻子前端的爪子将蠕虫从洞里拉出来。

欧巴宾海蝎

另一位可以竞争"史上最怪异生物"奖的热门选手肯定是**怪诞虫**（右图）。20世纪70年代，科学家刚开始研究这个奇怪的生物，他们认为它是挥舞着背上的触手，用高跷状的长腿在海床上漫步。然而，现在的科学家却认为触手实际上是它的腿，而长腿则是起保护作用的刺。也许把它翻过来看会更直观，不过还是非常奇怪！

从单细胞生物进化到海洋软体动物，大约用了30亿年的时间。

这差不多是整个地球年龄的三分之二！

然而当它们最终出现的时候，竟是一群如此怪模怪样的动物……

怪诞虫

欧巴宾海蝎

发现地：加拿大

体长：约6厘米

前寒武纪
45.4亿—5.41亿年前

寒武纪
5.41亿—4.85亿年前

奥陶纪
4.85亿—4.43亿年前

志留纪
4.43亿—4.19亿年前

泥盆纪
4.19亿—3.59亿年前

石炭纪
3.59亿—2.99亿年前

二叠纪
2.99亿—2.52亿年前

三叠纪
2.52亿—2.01亿年前

侏罗纪
2.01亿—1.45亿年前

白垩纪
1.45亿—6 600万年前

古近纪
6600万—2300万年前

新近纪
2300万—260万年前

第四纪
260万年前至今

你知道吗？

在加拿大落基山脉的伯吉斯页岩中，有许多保存完整的早期动物化石。其中的一些化石，你甚至可以看到动物体内还残存着最后吃的食物，而这些化石距今已有5亿多年了！

直壳鹦鹉螺

——海洋里的杀手

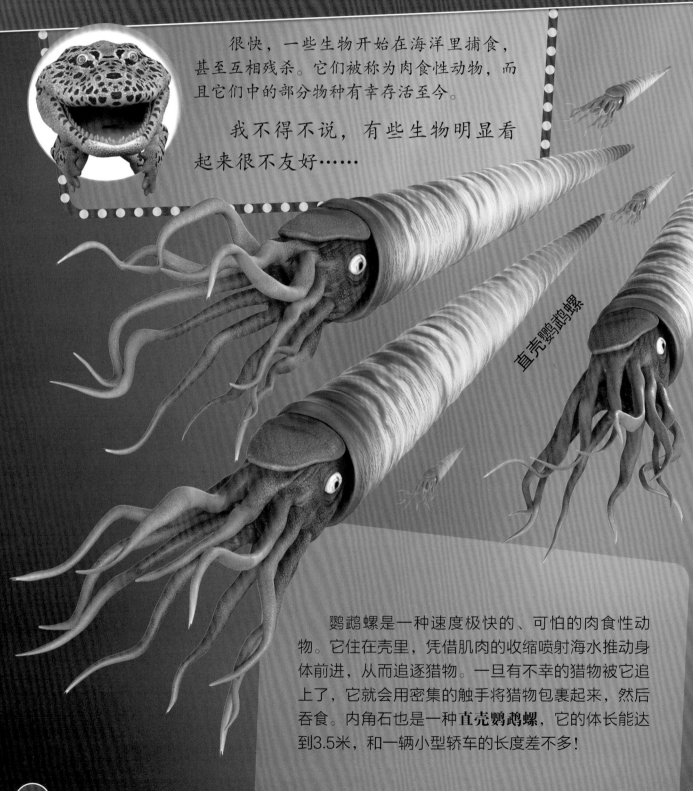

很快，一些生物开始在海洋里捕食，甚至互相残杀。它们被称为肉食性动物，而且它们中的部分物种有幸存活至今。

我不得不说，有些生物明显看起来很不友好……

直壳鹦鹉螺

鹦鹉螺是一种速度极快的、可怕的肉食性动物。它住在壳里，凭借肌肉的收缩喷射海水推动身体前进，从而追逐猎物。一旦有不幸的猎物被它追上了，它就会用密集的触手将猎物包裹起来，然后吞食。内角石也是一种**直壳鹦鹉螺**，它的体长能达到3.5米，和一辆小型轿车的长度差不多！

大约4.7亿年前，**海蝎**是海洋里最可怕的捕食者。它的体长超过了普通成年男子，而在桨状长腿的帮助下，它能敏捷地在水中穿梭。它还有致命的螯——这些螯有网球拍那么大，可以把猎物固定在海床上，然后再分割成块状吃掉。

海蝎

直壳鹦鹉螺
发现地：全球范围
体长：约3.5米

前寒武纪 45.4亿—5.41亿年前
寒武纪 5.41亿—4.85亿年前
奥陶纪 4.85亿—4.43亿年前
志留纪 4.43亿—4.19亿年前
泥盆纪 4.19亿—3.59亿年前
石炭纪 3.59亿—2.99亿年前
二叠纪 2.99亿—2.52亿年前
三叠纪 2.52亿—2.01亿年前
侏罗纪 2.01亿—1.45亿年前
白垩纪 1.45亿—6600万年前
古近纪 6600万—2300万年前
新近纪 2300万—260万年前
第四纪 260万年前至今

你知道吗？

如今在澳大利亚和菲律宾周围的海域，还生活着少量的鹦鹉螺。而从4.75亿年前幸存下来的海洋动物，还包括珊瑚虫和海百合。珊瑚虫是一种用触手进食的腔肠动物。

邓氏鱼

——深海怪兽

大约在5.1亿年前，最早的鱼类出现了。它们没有颌骨，看上去就像巨大的蝌蚪。不过它们可以沿着海底蠕动身体，张大嘴巴吸食极小的动物。经过数百万年的进化，它们形成了便于咬食的颌骨、能快速转向的叉状尾鳍，以及用于抵御捕食者（如海蝎）攻击的头骨。

邓氏鱼

在这些有头骨的鱼中，有一种重达4吨的巨兽，叫**邓氏鱼**。它的头骨宽达1.3米，覆有坚硬的骨板，这种骨板厚达5厘米，其边缘非常锋利，甚至可以当作牙齿使用。

更重要的是，邓氏鱼咬合力惊人，预估能达到5000牛顿，比如今狮子、老虎和土狼的咬合力都要强。它只需五十分之一秒，就可以张开血盆大口，进而产生一股强大的吸力，快速地将猎物纳入口中。

哇噢，看看这个家伙——很可怕，是吧？

要知道，这个可怕的怪物和我生活在同一时期哩。我还真有点担心，毕竟它的嘴巴刚好能塞下我。怪不得我的祖先会逃到陆地上生活！

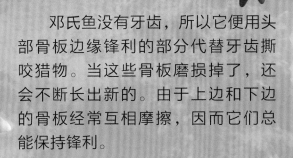

邓氏鱼没有牙齿，所以它便用头部骨板边缘锋利的部分代替牙齿撕咬猎物。当这些骨板磨损掉了，还会不断长出新的。由于上边和下边的骨板经常互相摩擦，因而它们总能保持锋利。

邓氏鱼
发现地：全球范围
体长：约6米

前寒武纪 45.4亿—5.41亿年前
寒武纪 5.41亿—4.85亿年前
奥陶纪 4.85亿—4.43亿年前
志留纪 4.43亿—4.19亿年前
泥盆纪 4.19亿—3.59亿年前
石炭纪 3.59亿—2.99亿年前
二叠纪 2.99亿—2.52亿年前
三叠纪 2.52亿—2.01亿年前
侏罗纪 2.01亿—1.45亿年前
白垩纪 1.45亿—6600万年前
古近纪 6600万—2300万年前
新近纪 2300万—260万年前
第四纪 260万年前至今

你知道吗？

在邓氏鱼的骨骼上，经常能发现其他邓氏鱼的咬痕。这表明，这个杀手并不惧怕攻击自己的同类。

棘螈

——长着脚趾的鱼

认出这个漂亮的家伙了吗？

　是的，就是我。我和朋友们常去河边玩耍。我们是最早进化出腿的物种之一，可以从水里爬到陆地上。

棘螈

　科学家认为，棘螈的腿并不足以支撑它身体的重量，它进化出腿和脚趾，是为了在布满植物和断木残枝的浅水沼泽中移动。

为什么有些鱼会认为生活在陆地上要比在水里更好呢？因为在泥盆纪时期，地球变得越发温暖和干燥，这样一来，湖泊和河流的水位变浅，生活在水里的动物能获取的氧气和食物也就大幅减少。

有些鱼被称为"肉鳍"鱼类或"叶鳍"鱼类。它们有鳃，也有肺，可以利用空气中的氧气来呼吸。它们进化出强壮的鳍，使它们能从浅水区来到新的水域。经过很多代的发展，这些鳍最终演变成了四肢。

棘螈
体长：约60厘米
重量：约3千克

前寒武纪 45.4亿—5.41亿年前
寒武纪 5.41亿—4.85亿年前
奥陶纪 4.85亿—4.43亿年前
志留纪 4.43亿—4.19亿年前
泥盆纪 4.19亿—3.59亿年前
石炭纪 3.59亿—2.99亿年前
二叠纪 2.99亿—2.52亿年前
三叠纪 2.52亿—2.01亿年前
侏罗纪 2.01亿—1.45亿年前
白垩纪 1.45亿—6600万年前
古近纪 6600万—2300万年前
新近纪 2300万—260万年前
第四纪 260万年前至今

第一批进化出四肢的动物中就有**棘螈**。它长出了四肢和脚趾，但没有膝关节和踝关节，不足以支撑自身的重量，所以在陆地上行走可能会非常困难！

进化得更成功的是鱼石螈，它和棘螈生活在同一时期。它用前肢作为支撑，能像海豹一样在陆地上行走。

你知道吗？

棘螈和鱼石螈是我们已知最早的四足动物（有四只脚的动物）。它们是所有早期四足脊椎动物的祖先。

古马陆
——多足动物

在过去的30多亿年里，因为太阳紫外线的伤害，生物无法在陆地上生存，地球上所有的生命都只能生活在水中。然而，当水中的藻类产生氧气并且最终形成了保护地球的臭氧层的时候，植物和节肢动物（腿有分节的动物）开始来到陆地上生活。

现在，这个故事讲到腿了……

在石炭纪时期，马陆繁衍兴盛。因为当时大气中含有大量的氧气，而且也没有很多大型的捕食者，所以那时的**古马陆**甚至和如今的鳄鱼一般大！

大约在4.4亿年前，植物首次出现在陆地上。它们是贴着地面生长的藓类和苔类植物。后来，库克逊蕨出现了。它是最早的直立生长的植物，可以利用地下的根茎吸收水分，并通过维管束将水分输送至茎部。

一旦有植物在陆地上生长，它们就能为动物提供食物来源和栖息地。已知最古老的陆生动物是呼气虫，它是一种生活在约4.28亿年前的形似马陆的多足动物。

古马陆

古马陆
发现地：美洲、苏格兰
体长：约2.6米

前寒武纪
45.4亿—5.41亿年前

寒武纪
5.41亿—4.85亿年前

奥陶纪
4.85亿—4.43亿年前

志留纪
4.43亿—4.19亿年前

泥盆纪
4.19亿—3.59亿年前

石炭纪
3.59亿—2.99亿年前

二叠纪
2.99亿—2.52亿年前

三叠纪
2.52亿—2.01亿年前

侏罗纪
2.01亿—1.45亿年前

白垩纪
1.45亿—6600万年前

古近纪
6600万—2300万年前

新近纪
2300万—260万年前

第四纪
260万年前至今

在苏格兰的海边小镇斯通黑文，巴士司机迈克·纽曼发现了现今唯一已知的呼气虫化石。为了纪念纽曼，这种生物被命名为"纽氏呼气虫"。

这个化石体长只有1厘米，但它相当完整，甚至能看到气门：一种极小的、用来吸氧的气孔。这个气门证实了它是在陆地上生活的，因为在水中气门就会被灌满水。

异齿龙
——爬行动物的崛起

异齿龙和许多恐龙一样，看上去也是高大、凶猛的，但它其实是另一种爬行动物，是由比恐龙早5000万年的早期四足动物进化而来的。事实上，它更像哺乳动物，而不是恐龙。哦，它似乎对像我一样的四足动物很感兴趣。

谢天谢地，我们不在同一个时代！

它在7000万年后才出现！

爬行动物是最早能一直在陆地上生活的脊椎动物。为避免皮肤水分的流失，它们演化出了鳞；而为了能够轻松自如地走动，它们又演化出了强壮的四肢。

异齿龙

林蜥是最早出现的爬行动物。它生活在3.12亿年前，体长（包含尾巴）只有20厘米。**异齿龙**大约比它晚3000万年才出现，但体长差不多是它的15倍。这样的优势，让异齿龙成了当时可怕的捕食者。

异齿龙背上的"帆"用途何在？人们一直争论不休。曾有观点认为，异齿龙背上的"帆"可能是它在芦苇丛中等待猎物时的伪装，或者是它在水中的风帆，就像船帆助船航行一样！

现在的科学家认为，"帆"也许是异齿龙用来控制自身体温的，因为它是变温爬行动物，在早晨需要热身，"帆"也许有助于吸收阳光。又或许，就像孔雀的尾巴一样，是一种吸引异性的装饰。

异齿龙
发现地：美洲和欧洲
体长：约3米

前寒武纪	45.4亿—5.41亿年前
寒武纪	5.41亿—4.85亿年前
奥陶纪	4.85亿—4.43亿年前
志留纪	4.43亿—4.19亿年前
泥盆纪	4.19亿—3.59亿年前
石炭纪	**3.59亿—2.99亿年前**
二叠纪	**2.99亿—2.52亿年前**
三叠纪	2.52亿—2.01亿年前
侏罗纪	2.01亿—1.45亿年前
白垩纪	1.45亿—6600万年前
古近纪	6600万—2300万年前
新近纪	2300万—260万年前
第四纪	260万年前至今

异齿龙在希腊语里的意思是"两种不同尺寸的牙齿"。异齿龙的嘴里有两排牙齿，位于前端的尖牙用来刺穿皮肤是最理想的；而位于后端的切牙可以用来分割骨头和坚韧的肌肉。这些切牙向后弯曲，能把猎物困在它的嘴里。它所有牙齿的表面都呈锯齿状，就像牛排刀的边缘一样。

你知道吗？

异齿龙这类爬行动物选择将蛋产在干燥的陆地上，而不像早期的四足动物那样将蛋产在水里。在每个蛋壳里，都有一个被称为羊膜的防水保护层，它不仅可以保护胚胎，还能防止蛋液变干。

麝足兽
——筒状巨兽

麝足兽是一种爬行动物，虽然看起来可能不太像。它高大、筒状的身形对于它的短腿、小脚和短尾巴来说似乎太大了，不过这样的身形离地面近，它可以吃到低矮的植被。它强健的体格还有另一大优势：能帮助它抵御敌人的攻击，比如一群犬齿兽。

麝足兽

犬齿兽（意为"狗牙"）是一种真正的杂食性动物。其中有些种类是肉食性的，而有些种类是植食性的。从体形上看，有些犬齿兽只有现今的家猫那般大，有些却有狼那么大。

肉食性犬齿兽是一种动作敏捷的凶猛动物。它有尖尖的犬牙，能撕扯下大块的肉。因为哺乳动物也有类似的牙齿，所以科学家认为犬齿兽是哺乳动物的祖先。此外，犬齿兽强壮的四肢像哺乳动物一样长在身体下方，而不像大多数爬行动物一样长在身体两侧。

犬齿兽

麝足兽体形比河马大，它还有一个强壮、坚硬的头部，看起来足以保护自己。事实上，我听说麝足兽会用头部互相撞击以争夺统治地位。呃，这只麝足兽看上去能够——

用头撞飞这些犬齿兽……

麝足兽
发现地：南非森林
体长：约5米

前寒武纪	45.4亿—5.41亿年前
寒武纪	5.41亿—4.85亿年前
奥陶纪	4.85亿—4.43亿年前
志留纪	4.43亿—4.19亿年前
泥盆纪	4.19亿—3.59亿年前
石炭纪	3.59亿—2.99亿年前

二叠纪
2.99亿—2.52亿年前

三叠纪	2.52亿—2.01亿年前
侏罗纪	2.01亿—1.45亿年前
白垩纪	1.45亿—6600万年前
古近纪	6600万—2300万年前
新近纪	2300万—260万年前
第四纪	260万年前至今

你知道吗？

在2.52亿年前，也就是二叠纪晚期到三叠纪早期之间，地球经历了一次"大灭绝"，其中有95%的海洋物种都灭绝了。自此，爬行动物有了统治地球的机会。

23

大带齿兽

——哺乳动物的祖先

三叠纪时期，地球上涌现出了各种各样的生物。以异平齿龙为例：它看上去也许并不像爬行动物，但实际上它确实是爬行动物。更让你迷惑的是，它还有个像角龙类恐龙一样的喙状嘴。

另一种小生物大带齿兽对你来说也许会更熟悉。

它是你们的祖先——

一种最早在陆地上行走的哺乳动物。

大带齿兽

24

虽然三叠纪被称为恐龙快速崛起的时代，但是这一时期也见证了第一批哺乳动物的出现。它们用乳汁喂养后代，有毛发或者皮毛，而且还是恒温动物。

约2.1亿年前，大带齿兽出现了，它的长相酷似老鼠，科学家认为它可能是最早的哺乳动物之一。大带齿兽很有可能在孵化出幼崽后，会用乳汁养育它们。当然，科学家并不能完全确定，因为化石并没有向我们提供太多的信息，比如它们如何哺育后代，是否长毛，是否是恒温动物。

当你看到**异平齿龙**那可怕的喙状嘴时，你或许会认为它可以将一只大带齿兽当作午餐吃掉。事实上，它的喙状嘴是用来打开种子蕨的种子的，那是一种早已灭绝的裸子植物。它一旦将种壳打开，就会用牙齿咀嚼里面软的部分，方便消化。

大带齿兽
发现地：南非丛林
体长：10～12厘米

前寒武纪 45.4亿—5.41亿年前
寒武纪 5.41亿—4.85亿年前
奥陶纪 4.85亿—4.43亿年前
志留纪 4.43亿—4.19亿年前
泥盆纪 4.19亿—3.59亿年前
石炭纪 3.59亿—2.99亿年前
二叠纪 2.99亿—2.52亿年前
三叠纪 2.52亿—2.01亿年前
侏罗纪 2.01亿—1.45亿年前
白垩纪 1.45亿—6600万年前
古近纪 6600万—2300万年前
新近纪 2300万—260万年前
第四纪 260万年前至今

异平齿龙

以种子蕨为食物来源的动物并不多，所以异平齿龙不需要与其他的植食性动物竞争。但是当种子蕨在三叠纪末期逐渐消失的时候，异平齿龙也走向了灭绝。

怪诞虫

很长一段时间，科学家都认为怪诞虫是一种"进化论的错位"：它与现存的任何动物都毫无关联。不过在2014年，剑桥大学的科学家提出，它与现今生活在热带雨林的天鹅绒虫存在关联。

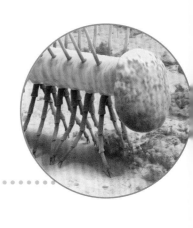

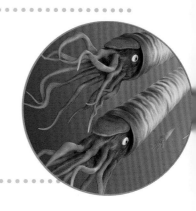

海蝎

海蝎的爪子上有长长的尖刺，它甚至可以抓住一条滑溜溜的鱼。当海蝎靠近猎物发动突然袭击时，这些爪子就像螳螂捕食时的大"镰刀"一样派上用场。

直壳鹦鹉螺

现在的鹦鹉螺常被称为"活化石"，因为它们虽然经历了数百万年的发展，变化却很小。不过，如今幸存下来的只有曲壳鹦鹉螺，而没有直壳鹦鹉螺（见第12页）。

邓氏鱼

邓氏鱼是盾皮鱼纲的一种。盾皮鱼从字面上解释为"外皮有骨板的鱼"。盾皮鱼类在地球上只生存了5000万年。鲨鱼和它们差不多是同时期出现的，但鲨鱼至今已经存活了4亿多年。

古马陆

化石猎人不仅发现了古马陆的足迹化石，还发现了它身体部位的化石。研究表明，这种巨大的马陆能够在森林里快速爬行，遇到树木和岩石类的障碍物，还会拐弯避让。

异齿龙

目前已发现的异齿龙类有20种，而最早的一种于1878年被发现。最近获悉的一种是2001年在德国发现的，它也是唯一一种在欧洲发现的异齿龙化石。

麝足兽

麝足兽不仅筒状的身躯看起来古怪，就连它的四肢也很与众不同。它的前肢就像蜥蜴那样朝外展开，而且比后肢长；它的后肢就直接长在身体下面，和哺乳动物类似。

犬齿兽

犬齿兽的牙齿和哺乳动物的类似：它前面有门牙，两侧有尖牙，后面还有磨牙。这也是科学家认为它可能是哺乳动物祖先的原因之一。

异平齿龙

在曾经是泛大陆的整个地区，人们发现了异平齿龙的化石。在三叠纪末期，这种植食性爬行动物很可能是蜥鳄等大型捕食者的主要食物来源。

大带齿兽

大带齿兽是从犬齿兽进化而来的。专家认为，这种生物是似哺乳类爬行动物，是犬齿兽朝真正的哺乳动物演变的最后一站。和哺乳动物一样，大带齿兽也是恒温动物。

二 恐龙的统治时代

恐龙的统治时代

嗨，我是棘螈阿克利，我又回来了。

这个伟大的故事还没有结束。接下来，我将继续讲述这个故事——地球上的生命是如何进化的，或者换一种说法——

我们是怎么来到这儿的。

在《地球的开端》章节中，我们见识了那些小得只能用显微镜才能看见的微生物是如何进化成巨大的爬行动物的，其中一些甚至有大象那么大。

接下来，我将向你展示在三叠纪和侏罗纪时期，这些爬行动物又是如何进化成为多种多样的生物的。

有些爬行动物长出翅膀后，成了空中杀手，比如翼龙。除昆虫之外，翼龙是最早在空中飞行的动物。

有些爬行动物回到海洋，成为凶猛的海洋怪兽，比如滑齿龙。你不会想和这个怪物待在一起的——它的下颌比雷克斯暴龙（又名霸王龙）的还要宽大，任何经过它身边的东西都会被它吃掉。

当然，还有一些爬行动物留在了干燥的陆地上，其中有很多进化成了恐龙，有些体形有双层巴士那么大——

有些甚至更大！

在三叠纪和侏罗纪时期，陆地、海洋和天空中有很多无情的捕食者，它们都在忙着寻找各自的下一餐。但是你别着急，我们也会遇到一些温和的大型动物，比如巨大的蜥脚类动物，它们成天都在吃树叶，可一点儿也不凶猛。

鱼龙

——海洋里的野兽

当周围有**鱼龙**出现时，鱿鱼和鱼类的第一反应是赶紧溜走。这种凶猛的海洋野兽有着巨大的眼睛，能快速发现猎物，而且它还有灵敏的耳骨，可以感应到猎物在水中发出的震荡波。所以，无论水下多么黑暗，鱼龙的下一餐总不会落空。

而且，得益于它的流线型身材，鱼龙追逐猎物的速度预估能达到40千米/时。在三叠纪晚期和侏罗纪早期，鱼龙作为顶级海洋捕食者可不是浪得虚名的。

长颈龙

如果你认为鱼龙看上去和海豚很像，那么你是对的，而且这可能不是巧合。鱼龙是由重返海洋的陆生爬行动物进化而来的。它的四肢演变成鳍，这有助于它成为游泳高手。约2亿年后，海豚的祖先也经历了同样的事情，从陆地返回了海洋。

图中的另一种动物是长颈龙。它看起来当然不像海豚——它更像蜥脚类动物！看看它的脖子——

竟有3米长！

从**长颈龙**的身形来看，它并不适合在水里生活，因为它的脖子和尾巴加起来就占了体长的四分之三。事实上，一些科学家认为它大部分时间会待在陆地，栖息在沿海的岩石上。有趣的是，它在浅水区抓鱼的动作，就像它在用脖子钓鱼！

鱼龙

1811年，在一场风暴过后，12岁的玛丽·安宁带着她的小狗，在英格兰多塞特郡的悬崖边发现了史上第一具鱼龙骨架。1823年，她又发现了史上第一具完整的蛇颈龙骨架。蛇颈龙是取代鱼龙成为海中顶级捕食者的爬行动物。

你知道吗？

泰曼鱼龙的眼睛是鱼龙类中最大的，直径可达26厘米，那可比人类的头盖骨大多了！即使是现在地球上最大的动物——蓝鲸，它的眼睛直径也只有15厘米。

始盗龙

——小型掠食者

2.3亿年前，第一批恐龙出现了，但它们并不是巨大的怪兽——

而更像小鸡版的雷克斯暴龙。

图中的始盗龙体长1米左右，包括尾巴的长度在内——差不多是我（棘蝾）体长的一半。提醒一下你噢，我是不会去它出没的任何地方的。你看看，它五个趾头中有三个长有锋利的爪子，它的牙齿像针一样尖利。

第一批恐龙被称为兽脚类恐龙。它们用后腿走路，头伸在前面，长尾巴用来保持身体平衡。这样的身体特征使得它们动作迅速且灵活。对**始盗龙**来说，这些特征也有利于它捕捉小动物。

始盗龙和二齿兽都生活在三叠纪时期。二齿兽是一种植食性爬行动物，它的样子看起来很像坦克。不过，这种动物的体形有大有小，有些大如公牛，有些却小如老鼠。或许在老鼠般大小的二齿兽面前，始盗龙能碰碰运气。

始盗龙

兽脚类恐龙的身体构造

始盗龙

发现地：南美洲
体长：约1米

- 兽脚类恐龙的牙齿锋利且向后弯曲，就像一把锯齿状的牛排刀，用来捕捉和咀嚼猎物再完美不过了。

- 兽脚类恐龙用后肢走路。它们的前肢上有三个主要的手指，上面长有锋利的爪子。但它们第四和第五个手指要小很多。

- 兽脚类恐龙的四肢长在身体的下方，而其他爬行动物的四肢通常长在两侧。相对两侧的四肢来说，垂直的四肢能承受更大的重量。恐龙的体形能达到如此之大也得益于此。

前寒武纪
45.4亿—5.41亿年前

寒武纪
5.41亿—4.85亿年前

奥陶纪
4.85亿—4.43亿年前

志留纪
4.43亿—4.19亿年前

泥盆纪
4.19亿—3.59亿年前

石炭纪
3.59亿—2.99亿年前

二叠纪
2.99亿—2.52亿年前

三叠纪
2.52亿—2.01亿年前

侏罗纪
2.01亿—1.45亿年前

白垩纪
1.45亿—6600万年前

古近纪
6600万—2300万年前

新近纪
2300万—260万年前

第四纪
260万年前至今

门齿兽

你知道吗？

三叠纪中期，劳氏鳄类是最顶级的捕食者。它们并不是恐龙，而是与鳄鱼关系密切的爬行动物，体长可达7米。

真双型齿翼龙

——振翅翱翔

真双型齿翼龙既不是鸟也不是蝙蝠，而是一种爬行动物。它进化出了由皮膜和肌肉形成的翅膀，这个翅膀顺着前肢的第四指下延至脚踝，远远看去，就像一张坚硬的披风附在它身上！它可以通过拍打翅膀，飞离地面。

可飞离地面有什么好处呢？

飞到高处，不仅可以躲避捕食者，还能找到新的栖息地筑巢。当然，还可以帮助它找到新的猎物，如会飞的昆虫。

空中的翼龙和陆地上的恐龙，生存的年代大约都是在2.3亿年前到6500万年前之间。直到一颗小行星撞击了地球，它们才走向了灭绝。正如恐龙一样，翼龙的体形在这期间也变得越来越大。最初的翼龙只有纸飞机般大小，而到了白垩纪末期，有一些甚至和战斗机一般大！

随着翼龙的体形越来越大，它的飞行能力也越来越好。它的臂膀变长，翅膀像刀片一样，更加符合空气动力学原理。不过，它也面临一个问题：体形越大，它从地面起飞就需要越强壮的四肢来支撑。粗壮的骨头也许会有帮助，但是太重了。怎么解决呢？答案是空心骨。这种骨头的骨壁比一张扑克牌还薄，但是骨头里面有加强支撑的支柱。包括恐龙在内的许多动物都有空心骨。然而，只有翼龙的空心骨遍布全身，它不仅臂膀里有，就连骨盆、肋骨和脊椎里都有。

第一具翼龙骨架是意大利博物学家科西莫·亚历山德罗·科里尼于1784年在德国巴伐利亚发现的。可惜的是，科里尼在研究这些化石时犯了一个大大的错误：他以为自己找到的是一个有鳍状肢的海洋生物，而不是带翅膀的翼龙。

真双型齿翼龙

真双型齿翼龙
发现地：欧洲西部海岸
体长：约60厘米

前寒武纪
45.4亿—5.41亿年前

寒武纪
5.41亿—4.85亿年前

奥陶纪
4.85亿—4.43亿年前

志留纪
4.43亿—4.19亿年前

泥盆纪
4.19亿—3.59亿年前

石炭纪
3.59亿—2.99亿年前

二叠纪
2.99亿—2.52亿年前

三叠纪
2.52亿—2.01亿年前

侏罗纪
2.01亿—1.45亿年前

白垩纪
1.45亿—6600万年前

古近纪
6600万—2300万年前

新近纪
2300万—260万年前

第四纪
260万年前至今

你知道吗？

除了昆虫，翼龙是第一种会飞的动物，而且它很有可能是从一种小型的、会滑翔的物种进化而来的。

板龙
——灌木丛中觅食

原蜥脚类恐龙是第一批仅以吃植物为生的恐龙，也是最早能吃到高处植物的动物。在它之前，所有的植食性动物都是矮个头、短脖子。

嘘，我知道我也是一只矮个头、短脖子动物——

但是我吃鱼！谢谢！

通过研究动植物的化石，科学家能从中得到很多信息。舌羊齿起源于3亿年前，是一种树叶呈舌形、高达3.5米的树。在印度、南美洲、非洲、澳大利亚和南极洲都发现过它的化石。据此，奥地利的地理学家爱德华·休斯提出，这些地区原来应该是同一块大陆的组成部分，这块大陆也就是我们现在所称的泛大陆（见第3页）。

板龙

人们对恐龙的了解，就是通过科学家对一堆堆化石的研究得知的。在欧洲境内，就曾发现过100多具板龙化石。由于这些化石很多都是在同一个地方发现的，所以科学家认为**板龙**肯定是成群结队进行活动的。在三叠纪晚期，这些板龙可能为了寻找有水源和植物的地方，跨越了干旱的欧洲大陆。

板龙
发现地：欧洲
体长：约10米

前寒武纪
45.4亿—5.41亿年前

寒武纪
5.41亿—4.85亿年前

奥陶纪
4.85亿—4.43亿年前

志留纪
4.43亿—4.19亿年前

泥盆纪
4.19亿—3.59亿年前

石炭纪
3.59亿—2.99亿年前

二叠纪
2.99亿—2.52亿年前

三叠纪
2.52亿—2.01亿年前

侏罗纪
2.01亿—1.45亿年前

白垩纪
1.45亿—6600万年前

古近纪
6600万—2300万年前

新近纪
2300万—260万年前

第四纪
260万年前至今

高大的植物，比如松树、冷杉树和苏铁，都有着粗壮的树干、宽大的树冠，以及硬硬的常绿叶子。板龙为了吃到这些叶子，很可能是用后肢站立。

板龙也有可能吃地面上的植物，但是这样一来就不得不和其他的植食性动物竞争。那个时期还没有开花植物，它们直到5000万年后才出现。不过，苔藓类、蕨类植物已经存在了。

你知道吗？

板龙的食谱包含石松类植物。石松类植物的出现距今已有4.1亿年，其中有些物种繁衍至今。事实上，它们是世界上最古老的直立植物之一。

39

哥斯拉龙
——食肉怪兽

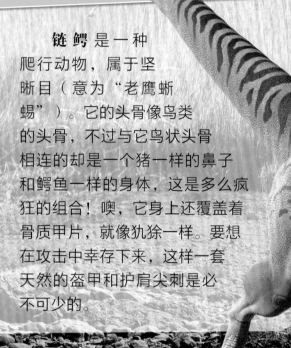

链鳄是一种爬行动物，属于坚晰目（意为"老鹰蜥蜴"）。它的头骨像鸟类的头骨，不过与它鸟状头骨相连的却是一个猪一样的鼻子和鳄鱼一样的身体，这是多么疯狂的组合！噢，它身上还覆盖着骨质甲片，就像犰狳一样。要想在攻击中幸存下来，这样一套天然的盔甲和护肩尖刺是必不可少的。

在三叠纪末期，肉食性恐龙成了美洲地区的顶级捕食者。它们的体长能达到7米，而且会借助强劲有力的后肢突袭猎物，然后再用锋利的牙齿和爪子杀死猎物。

今天的猎物是一只链鳄。

或许链鳄看起来令人害怕——尤其是它肩膀上的大尖刺，但它实际上很温顺。它小小的牙齿像销钉一样，这表明它吃的食物很可能是那些被它的铲形鼻连根拔起的柔软植物。

1949年，美国古生物学家肯尼思·卡彭特在日本出生并在那里长大。他年幼时最喜欢的电影是《哥斯拉》，这部电影讲述的是一个巨大的怪兽肆虐东京的故事。1997年，肯尼思·卡彭特在美国新墨西哥州发现了一具恐龙骨架，那是一个可怕的新品种，他给它命名为**哥斯拉龙**。

哥斯拉龙

链鳄

哥斯拉龙
发现地：北美洲
体长：约6米

前寒武纪 45.4亿—5.41亿年前
寒武纪 5.41亿—4.85亿年前
奥陶纪 4.85亿—4.43亿年前
志留纪 4.43亿—4.19亿年前
泥盆纪 4.19亿—3.59亿年前
石炭纪 3.59亿—2.99亿年前
二叠纪 2.99亿—2.52亿年前
三叠纪 2.52亿—2.01亿年前
侏罗纪 2.01亿—1.45亿年前
白垩纪 1.45亿—6600万年前
古近纪 6600万—2300万年前
新近纪 2300万—260万年前
第四纪 260万年前至今

在三叠纪末期，泛大陆开始分裂，地球上发生了一次大规模的生物灭绝。科学家不确定是什么原因造成的，也许是火山爆发，也许是小行星撞击地球。但可以确定的是，它使得地球上约四分之三的物种消失了。

你知道吗？

哥斯拉龙的全称是"奎伊哥斯拉龙"，"奎伊"一词源于美国新墨西哥州的奎伊县，也就是卡彭特发现它的地方。

41

剑龙

——大怪兽之战

信不信由你，在侏罗纪晚期，两只最大的野兽曾上演了一场惊心动魄的战斗。我们之所以知道，是因为在一具**剑龙**化石的颈部，我们发现了一处 U 形伤口，而这处伤口与**异特龙**的嘴相吻合。而在一具异特龙化石的尾巴上，我们也发现了一处伤口，巧合的是伤口正好与剑龙尾巴上的尖刺相吻合。

剑龙

异特龙

为了对付当时的顶级捕食者异特龙，剑龙不得不抛开一切专心应对。一些科学家认为，剑龙在受到威胁时，血液会涌到背上的骨板里，发出愤怒的红色警告。如果这样也没能吓到捕食者，剑龙就会猛甩它带尖刺的尾巴，而这些尖刺必定会造成一些伤害——它们长达1米。

剑龙
发现地：北美洲
体长：约9米

前寒武纪 45.4亿—5.41亿年前
寒武纪 5.41亿—4.85亿年前
奥陶纪 4.85亿—4.43亿年前
志留纪 4.43亿—4.19亿年前
泥盆纪 4.19亿—3.59亿年前
石炭纪 3.59亿—2.99亿年前
二叠纪 2.99亿—2.52亿年前
三叠纪 2.52亿—2.01亿年前
侏罗纪 2.01亿—1.45亿年前
白垩纪 1.45亿—6600万年前
古近纪 6600万—2300万年前
新近纪 2300万—260万年前
第四纪 260万年前至今

1991年，科学家在美国怀俄明州发现了一具几乎完整的异特龙骨架。他们称它为"大艾尔"，虽然它去世时才六岁，并没有达到成年异特龙的大小。

"大艾尔"的骨架显示，它曾遭受过19次骨裂。第一处在它的尾巴上，也许是被剑龙的尾巴击中后跌倒造成的。它的肋骨也断了，大概是与另一只异特龙战斗时受的伤。

它身上的最后一处伤是在脚趾处，这阻止了它踏入水中。它的骨架被发现时，身体呈现弧状，这是身体在太阳下被晒干的迹象，也表明周围没有太多的水。

巨型的战斗怪兽

异特龙锋利的牙齿长约10厘米，而且一直在生长，时刻为更换旧的和失去的牙齿做准备。一些科学家甚至认为它可以张开嘴巴，利用上下颌如斧头般锋利的牙齿撕碎猎物。

然而，即使是像异特龙这样野蛮的生物，也一定不会与剑龙较量吧？毕竟，剑龙身形如坦克，而且还有可怕的尖刺尾巴做保护……

你知道吗？

"thagomizer"是指剑龙尾巴上的穗状尖刺。这个词最初出现在漫画家盖瑞·拉尔森于1982年发表的连载漫画《远端》里，但很快被科学家采用。

梁龙

——温柔的巨龙

嘿，如果你认为大象体形很庞大，那么你应该看看蜥脚类恐龙。它们是一种巨大的植食性恐龙，很可能是从侏罗纪中期的原蜥脚恐龙进化而来的。

对我来说，它们看起来就像游走的鲸。

它们庞大的身躯拥有不可思议的长脖子和尾巴，不过它们小脑袋里的大脑非常小——好在足够聪明，能够让它们在身处的环境中存活下来。

科学家曾认为蜥脚类恐龙，例如**梁龙**，进化出长脖子是为了能够吃到大树顶端的树叶。这个解释完全说得通。就像今天的长颈鹿一样，梁龙也有自己的食物来源，而且是地面上所有的植食性动物都够不着的。它还能发现新的食物，以及察觉来自远方捕食者的威胁。

尽管如此，还是有一个问题。它的心脏是如何将血液输送至超过10米的高度呢？一名专家估计，它心脏的重量必须达到1.6吨才能做到！所以他认为在蜥脚类恐龙的脖子上，还有额外的心脏帮助输送血液。

梁龙

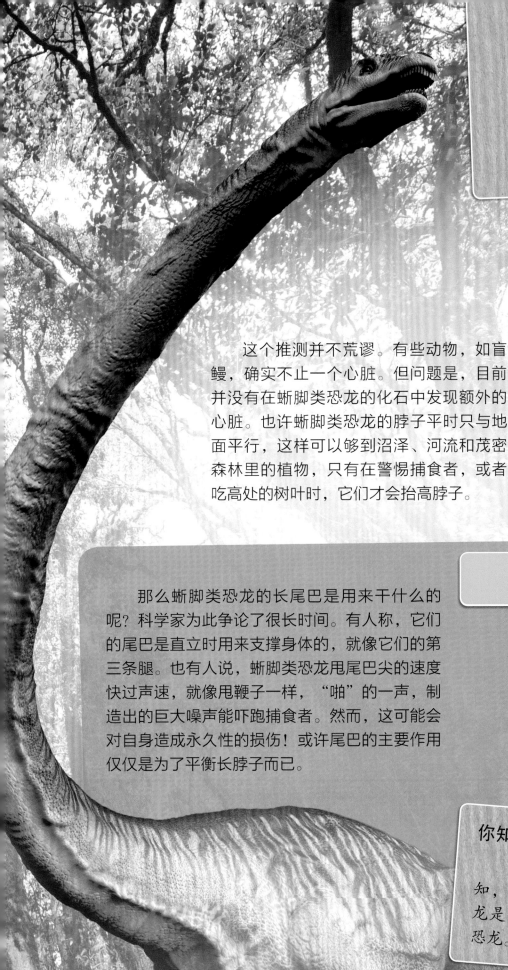

梁龙
发现地：北美洲
体长：约30米

| 前寒武纪 |
| 45.4亿—5.41亿年前 |

| 寒武纪 |
| 5.41亿—4.85亿年前 |

| 奥陶纪 |
| 4.85亿—4.43亿年前 |

| 志留纪 |
| 4.43亿—4.19亿年前 |

| 泥盆纪 |
| 4.19亿—3.59亿年前 |

| 石炭纪 |
| 3.59亿—2.99亿年前 |

| 二叠纪 |
| 2.99亿—2.52亿年前 |

| 三叠纪 |
| 2.52亿—2.01亿年前 |

侏罗纪
2.01亿—1.45亿年前

| 白垩纪 |
| 1.45亿—6600万年前 |

| 古近纪 |
| 6600万—2300万年前 |

| 新近纪 |
| 2300万—260万年前 |

| 第四纪 |
| 260万年前至今 |

这个推测并不荒谬。有些动物，如盲鳗，确实不止一个心脏。但问题是，目前并没有在蜥脚类恐龙的化石中发现额外的心脏。也许蜥脚类恐龙的脖子平时只与地面平行，这样可以够到沼泽、河流和茂密森林里的植物，只有在警惕捕食者，或者吃高处的树叶时，它们才会抬高脖子。

那么蜥脚类恐龙的长尾巴是用来干什么的呢？科学家为此争论了很长时间。有人称，它们的尾巴是直立时用来支撑身体的，就像它们的第三条腿。也有人说，蜥脚类恐龙甩尾巴尖的速度快过声速，就像甩鞭子一样，"啪"的一声，制造出的巨大噪声能吓跑捕食者。然而，这可能会对自身造成永久性的损伤！或许尾巴的主要作用仅仅是为了平衡长脖子而已。

你知道吗？

从出土的化石中得知，体长33～34米的超龙是已知最长的蜥脚类恐龙。

45

滑齿龙

——海洋霸主

　　滑齿龙是一种上龙类恐龙，也是侏罗纪时期海洋里的"大老板"。它是大海中顶尖的游泳健将，有四个强壮的桨鳍和圆滑的流线型身体。它的颌骨比雷克斯暴龙的还要长，有2～2.5米。而且，它颌部的咬合力惊人，有助于其牢牢地咬住猎物。

　　一些科学家认为，滑齿龙是埋伏型捕食者，擅长加速追捕猎物。它的捕食技能高超，每天能获取数百千克的食物，来维持其庞大身躯所需的能量。

滑齿龙

　　滑齿龙显然不是一个挑剔的食客。它喜欢吃小鲨鱼、鱿鱼，甚至还有硬壳的鹦鹉螺。它也会企图猎食长脖子的蛇颈龙。在一种叫启莫里龙的蛇颈龙的骨骼化石上，科学家发现了正好与滑齿龙的牙齿相吻合的咬痕。

启莫里龙——一种蛇颈龙

侏罗纪时期的海洋里生活着很多会游泳的爬行动物。

包括两种大型捕食者——

蛇颈龙和上龙。尽管它们存在关联，可看起来却大相径庭。蛇颈龙非常优雅，而上龙就像彪形大汉，有着巨大的头部和颌骨。另外，蛇颈龙捕食鱼类，上龙则会狼吞虎咽地吃任何东西——包括蛇颈龙。

2006年在北极斯瓦尔巴群岛，科学家发现了一具巨大的上龙骨架。起初，他们并不清楚这到底是什么动物，因为它的化石是成千上万的小块状。他们花了6年才将这些破碎的化石发掘出来并拼凑完整。拼凑的过程仿佛是在拼一个巨大的三维拼图。最终，在2012年，他们根据拼好的化石推测出它的体长为10～13米，并将其正式命名为冯氏上龙。自此，它成为所有已知上龙中体形最大的。

滑齿龙

发现地：欧洲海洋
体长：约7米

| 前寒武纪 45.4亿—5.41亿年前 |
| 寒武纪 5.41亿—4.85亿年前 |
| 奥陶纪 4.85亿—4.43亿年前 |
| 志留纪 4.43亿—4.19亿年前 |
| 泥盆纪 4.19亿—3.59亿年前 |
| 石炭纪 3.59亿—2.99亿年前 |
| 二叠纪 2.99亿—2.52亿年前 |
| 三叠纪 2.52亿—2.01亿年前 |

侏罗纪 2.01亿—1.45亿年前

| 白垩纪 1.45亿—6600万年前 |
| 古近纪 6600万—2300万年前 |
| 新近纪 2300万—260万年前 |
| 第四纪 260万年前至今 |

你知道吗？

水从滑齿龙的嘴里流进去，再从它的鼻孔里流出来——所以它能在水中闻到任何猎物的气味。

耀龙

——有羽毛的恐龙

你认为所有的恐龙都在数百万年前灭绝了吗?

呃,这并不完全属实。

恐龙的后代就在你们周围。它们就是鸟类。所以当你下次看到一只麻雀或海鸥,甚至是一只鹳时,要记得你此刻看到的是一只会飞的"恐龙"噢!

1861年,在德国发现了一具来自1.5亿年前,几近完整的神秘动物骨架,它被命名为**始祖鸟**。它看起来既像鸟又像恐龙,不仅有颌骨和牙齿,还有翅膀和羽毛,而且它的身后有一条长长的由尾椎骨构成的尾巴,在它的翅膀里还长出了三个带爪子的指头。

当时的一些科学家确信,部分恐龙进化成了鸟类。但大多数人认为这个理论太过牵强。直到1969年,科学家才开始认真看待这个说法,因为在美国蒙大拿州,他们发现了另一种似鸟的恐龙化石,被称作恐爪龙。

从那时起,科学家陆续发现了20多种带有羽毛的恐龙化石,其中包括在2008年发现的**耀龙**。科学家认为它虽然不能飞,但是它是以昆虫为食,而且可以生活在树上以躲避危险。如今,几乎所有的科学家都认同鸟类是恐龙的后代。

1859年，查尔斯·达尔文的生物学著作《物种起源》出版了。在书中，他提出动物是由自然选择进化而来的，也就是说它们经历了数百万年的演变。例如，它们可能会进化出翅膀来帮助自己飞行，或者是脚蹼、鳍来帮助自己游泳。在达尔文发表《物种起源》两年后，始祖鸟被发现，而它的发现恰好证实了达尔文的理论。这也表明，它是恐龙向鸟类进化过程中的过渡性物种。

耀龙

耀龙
发现地：中国
体长：约44.5厘米

前寒武纪
45.4亿—5.41亿年前

寒武纪
5.41亿—4.85亿年前

奥陶纪
4.85亿—4.43亿年前

志留纪
4.43亿—4.19亿年前

泥盆纪
4.19亿—3.59亿年前

石炭纪
3.59亿—2.99亿年前

二叠纪
2.99亿—2.52亿年前

三叠纪
2.52亿—2.01亿年前

**侏罗纪
2.01亿—1.45亿年前**

白垩纪
1.45亿—6600万年前

古近纪
6600万—2300万年前

新近纪
2300万—260万年前

第四纪
260万年前至今

你知道吗？

这些长有羽毛的恐龙可能已经进化出了靠滑翔飞出树林，或者在地面助跑就能起飞的能力。

49

美颌龙

——小而致命

　　美颌龙看起来很像它的堂兄弟雷克斯暴龙。它有着同样锋利的牙齿和爪子，直立的站姿，以及强有力的、用于突袭猎物的后腿。

最大的不同是——

　　正如你在图中所看到的，美颌龙的大小和火鸡差不多，而不是像一辆双层巴士那么大。

　　然而，在侏罗纪时期，它们对于那些在森林的地面上到处奔跑的小型哺乳动物来说是一种很大的威胁。这些小型哺乳动物很可能和图中这些奇怪的蜥蜴一样，成为美颌龙的一顿美餐。

美颌龙

有许多哺乳动物生活在恐龙时代，但不幸的是，我们并没有发现多少完整的化石——留存下来的多半是它们的牙齿！

哺乳动物需要避开凶猛的恐龙，这也是它们体形都很小的原因之一。当夜晚来临时，许多哺乳动物会出来寻找食物，包括一些生活在树上或地下的。

侏罗纪掘兽很可能是几种会打地洞的哺乳动物之一。它有着尖尖的鼻子和长长的前爪，擅长挖洞。还有一种哺乳动物獭形狸尾兽，它可以潜入水中避开恐龙。它是一个超级游泳高手，这得益于它扁平的、与现代海狸相似的尾巴。而且，它的四肢与现代鸭嘴兽很相似，这对游泳和挖洞很有利。

美颌龙
发现地：西欧
体长：约60厘米

前寒武纪 45.4亿—5.41亿年前
寒武纪 5.41亿—4.85亿年前
奥陶纪 4.85亿—4.43亿年前
志留纪 4.43亿—4.19亿年前
泥盆纪 4.19亿—3.59亿年前
石炭纪 3.59亿—2.99亿年前
二叠纪 2.99亿—2.52亿年前
三叠纪 2.52亿—2.01亿年前
侏罗纪 2.01亿—1.45亿年前
白垩纪 1.45亿—6600万年前
古近纪 6600万—2300万年前
新近纪 2300万—260万年前
第四纪 260万年前至今

科学家过去认为，美颌龙是最小的恐龙。但现在发现还有更小的，比如体长约40厘米的小驰龙，以及体长约50厘米的小盗龙。小盗龙有一条长长的尾巴，因此很难准确判断出它的体长。奇怪的是，它的四肢上还长有四个翅膀，可以在树林间滑翔。

你知道吗？

美颌龙捕获猎物是依靠速度取胜。在追逐猎物的过程中，它长长的尾巴能保持身体的平衡。一旦追上了猎物，它就会用它长有三趾的前肢抓住猎物。

51

长颈龙

科学家一直很困惑，长颈龙为什么会进化出这么长的脖子。有人认为它进化出长脖子，也许并不是为了把颈部浸到水里去抓鱼，而是为了拽栖居树上的爬行动物。

二齿兽

二齿兽是兽孔类，或似哺乳爬行动物。它看起来有点像猪或河马，但它的嘴和海龟的很像，而且和海象一样，它的上颌也有两个长牙，这也是它名字的由来，意思是"两个犬牙"。

真双型齿翼龙

目前尚未发现多少保存完好的翼龙化石，因为它们非常易碎。已发现的主要分布在西欧和巴西桑塔纳组地层。科学家认为，在美国得克萨斯州发现的一些牙齿可能属于真双型齿翼龙，但他们不能肯定，因为尚未发现身体部分。

异特龙

在美国犹他州的克利夫兰劳埃德采石场，大约发现了46具异特龙化石。科学家认为，一些植食性和肉食性恐龙陷入了泥沼里，导致想寻找一顿简餐的异特龙遭遇了同样的命运！

滑齿龙

滑齿龙是一种巨大的野兽，但具体有多大现在还很难确定。目前发现的滑齿龙化石很少，其中某些过去被认为是滑齿龙化石实际上是其他动物的。科学家保守估计，它体长大约有7米，但也有可能达到10米。

梁龙

一具名叫"迪皮"的梁龙骨架曾在伦敦自然历史博物馆展出了100多年，它身子直立，尾巴垂在地上。1993年，博物馆的科学家意识到，它的尾巴可能是用来保持脖子平衡的，所以他们便将尾巴往上抬升。

板龙

成年板龙的体形大小有很大的不同：一些长达10米，而一些却只有4.8米。科学家认为，这可能是因为部分板龙发现了植物繁茂的地方，而其他的就没那么幸运了！

剑龙

尽管剑龙的体形有一辆巴士那么大，但它的大脑却只有狗的那般大——不会比核桃大多少！19世纪，著名的古生物学家奥塞内尔·马什在剑龙化石接近臀部的位置发现了一个空心层，他认为里面肯定包含了另一个大脑，实际上，里面包含的是膨大的神经节。

链鳄

链鳄是坚蜥目动物。1996年，地质学家史蒂芬·哈斯欧迪斯在亚利桑那州发现了变成化石的碗状巢，距今已有2.2亿年。这个巢与现代鳄鱼在河岸边的沙堆里挖的巢非常相似。因此，人们认为有些链鳄是会筑巢的。

耀龙

耀龙的身上覆盖着小羽毛，尾巴上还有四根缎带般绚丽的长羽毛。尾部的羽毛很可能是用来吸引异性的，但也有可能是帮助它在树枝上保持平衡，以及避开捕食者。自耀龙被发现以来，一些科学家认为羽毛演化的最初目的是用于炫耀，然后才是利于飞行。

三　最后的恐龙

最后的恐龙

嗨，我的名字是阿克利，我是一只棘螈。

我是你的向导，我会向你讲述一个伟大的故事——地球上的生命是如何进化的，或者换一种说法——

我们是怎么来到这儿的。

在前两章中，我们见识了那些小得只能用显微镜才能看见的微生物是如何进化成大恐龙的。

在本章节中，我们还将见识一些可怕的恐龙及飞行类爬行动物。比如，在白垩纪时期，像坦克一样大的恐龙和像战斗机一样大的飞行类爬行动物统治着整个世界。我们还会发现，雷克斯暴龙的牙齿有香蕉那么大，咬合力惊人。

请注意！最大的肉食性恐龙并不是雷克斯暴龙，而是棘龙。棘龙长着鳄鱼一样的脑袋，背上还有一个巨大的帆状物！它重量惊人，约有21吨，相当于30辆包括赛车手在内的一级方程式赛车的总重量。

我还会告诉你一些更温和的白垩纪动物的故事。例如尖角龙，它们成群结队地横穿北美洲；还有慈母龙，它们耐心地哺育幼崽。

我们还可以发现，随着小行星撞击地球的一声巨响，白垩纪时代结束了，因为这次大爆炸让很多动物彻底灭绝了。

在《哺乳动物的崛起》章节中，我们将看到哺乳动物是如何进化成地球的统治者的，其中包括一些和肉食性恐龙一样可怕的哺乳动物。

棘龙

——浅滩之战

棘龙背上的帆状物有何用途？是像孔雀的尾巴一样，为了吸引异性，还是像大象的耳朵一样，用来控制体温？看上去，棘龙背上的帆状物也不像是用来抵御敌人的，因为它的体长大约有15米，敌人不会有很多。

棘龙

棘龙可能是所有已知的肉食性恐龙中最大的，甚至超过了雷克斯暴龙和南方巨兽龙。现在的问题是，科学家还没有发现完整的棘龙骨架，所以这仅仅是推测。

帝鳄

棘龙可能是半水栖动物，它喜欢去河边喝点水，顺便吃些东西。它依靠瘦长的吻部，可以轻易地抓到鱼。图中半浸没在河里的是**帝鳄**，它是已知最大的鳄鱼。在它们之间，或许发生过史上最激烈的战斗。

那么谁会赢得这场史诗般的战斗呢？如果帝鳄能用它的血盆大口咬住棘龙的脖子，它就可以利用低重心把棘龙拖到水下使其溺亡。这一招是现今的鳄鱼经常使用的。然而这只是个大大的"如果"，因为棘龙比帝鳄高大，它可以率先攻击帝鳄的脖子。

我很明智地远离了这场战争。约1.1亿年前，非洲北部曾是某些大型肉食性动物的家园——其中最危险的两种要属棘龙和帝鳄。

总体来说，它们的体形都和大型巴士一样庞大。

如果那时有拳击比赛承办者，它们之间的战斗会被称为"河里的惊悚片""水中战役"或者"浅滩之战"。

棘龙

发现地：非洲北部
体长：约15米

前寒武纪	45.4亿—5.41亿年前
寒武纪	5.41亿—4.85亿年前
奥陶纪	4.85亿—4.43亿年前
志留纪	4.43亿—4.19亿年前
泥盆纪	4.19亿—3.59亿年前
石炭纪	3.59亿—2.99亿年前
二叠纪	2.99亿—2.52亿年前
三叠纪	2.52亿—2.01亿年前
侏罗纪	2.01亿—1.45亿年前
白垩纪	**1.45亿—6600万年前**
古近纪	6600万—2300万年前
新近纪	2300万—260万年前
第四纪	260万年前至今

你知道吗？

洛龙是人类捕获的世界上最大的鳄鱼。这条咸水鳄鱼一直被圈养在菲律宾，直到2013年死亡。它体长达6.17米，重1075千克，而帝鳄要比洛龙重8倍，长2倍。

恐爪龙

——群体猎食

腱龙的体长达8米，高3米，体重约有2吨——

大概是恐爪龙体重的25倍。

腱龙的身躯如此庞大，你认为它就有能力保护自己，是吗？其实它只是爱好和平的植食性恐龙。对于一群恐爪龙来说，它仅仅是一道美味的主菜而已。

腱龙

恐爪龙是一种动作敏捷的肉食性恐龙。科学家认为它最爱吃的食物是**腱龙**，因为在腱龙化石的发现地附近，经常能找到恐爪龙的牙齿和骨骼化石。

美国科学家约翰·奥斯特罗姆通过研究恐爪龙，发现鸟类是从恐龙进化而来的。最近有化石研究表明，部分恐龙是有羽毛的，这也证实了他的观点。

恐爪龙

恐爪龙在希腊语中意为"恐怖的利爪"。它是一种为数不多的采用群体方式猎食的恐龙。

那么，它是如何攻克大型猎物的呢？嗯，它有一个秘密武器——后肢的第二趾有镰刀状的利爪，长约13厘米。恐爪龙能用这对利爪重创猎物。而且，当恐爪龙旋转利爪往深处猛刺时，猎物会顿时动弹不得。它甚至还能爬到猎物身上，就好像登山者脚穿冰爪攀登雪山一样。

恐爪龙
发现地：北美洲
体长：约3.4米

前寒武纪
45.4亿—5.41亿年前

寒武纪
5.41亿—4.85亿年前

奥陶纪
4.85亿—4.43亿年前

志留纪
4.43亿—4.19亿年前

泥盆纪
4.19亿—3.59亿年前

石炭纪
3.59亿—2.99亿年前

二叠纪
2.99亿—2.52亿年前

三叠纪
2.52亿—2.01亿年前

侏罗纪
2.01亿—1.45亿年前

白垩纪
1.45亿—6600万年前

古近纪
6600万—2300万年前

新近纪
2300万—260万年前

第四纪
260万年前至今

你知道吗？

在轰动一时的电影《侏罗纪公园》里，伶盗龙的原型就是恐爪龙。

施氏无畏龙
——庞然大物

梁龙，体长可达30米，它曾经是已发现的最长的恐龙。不过，它站在体形更大的施氏无畏龙旁边就显得不值一提了。

2014年，科学家宣布发现了地球上有史以来最大的恐龙，并给它命名为**施氏无畏龙**。无畏意为"无所畏惧"，得名于第一次世界大战中英国制造的"无畏号"战舰。

2005年，施氏无畏龙的化石在阿根廷巴塔哥尼亚被发现。由于发现地处于偏远地区，且化石体积大，所以花了4年时间才将所有遗骸挖掘出来。

又经过5年的研究，古生物学家才将这些化石复原成一副骨架。最终，他们得以将研究结果公之于众。

这个标本体长26米，其中脖子长11米，尾巴长9米。科学家通过研究发现，它不是一只完全成年的恐龙。之所以这么断定，是因为它肩膀处的骨头还没有长合，而这种情况通常不会发生在成年恐龙的身上。

22米
20米
18米
16米
14米
12米

来看看这个庞然大物。施氏无畏龙是一种蜥脚类恐龙，重约60吨——或者换种说法，这相当于12头非洲象、7只雷克斯暴龙、2只半梁龙或者一架波音737（含乘客和行李）的重量。

从图中你可以看出它与南方巨兽龙以及另一种蜥脚类恐龙——梁龙在体形上的区别。科学家认为，同样生活在阿根廷的南方巨兽龙是目前发现的第二大肉食性恐龙。想了解最大的肉食性恐龙吗？请翻回第58—59页。

请注意，它不是雷克斯暴龙。

8米
6米
4米
2米

梁龙

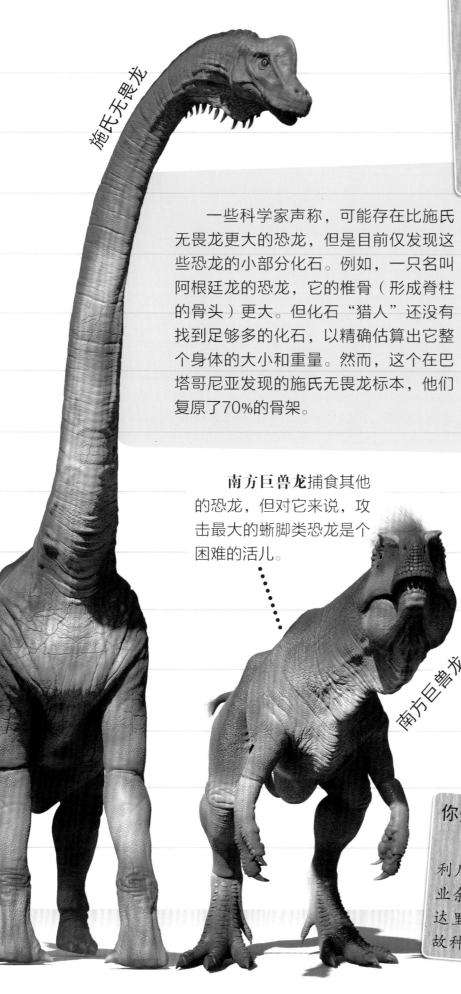

施氏无畏龙

南方巨兽龙

一些科学家声称，可能存在比施氏无畏龙更大的恐龙，但是目前仅发现这些恐龙的小部分化石。例如，一只名叫阿根廷龙的恐龙，它的椎骨（形成脊柱的骨头）更大。但化石"猎人"还没有找到足够多的化石，以精确估算出它整个身体的大小和重量。然而，这个在巴塔哥尼亚发现的施氏无畏龙标本，他们复原了70%的骨架。

南方巨兽龙捕食其他的恐龙，但对它来说，攻击最大的蜥脚类恐龙是个困难的活儿。

前寒武纪
45.4亿—5.41亿年前

寒武纪
5.41亿—4.85亿年前

奥陶纪
4.85亿—4.43亿年前

志留纪
4.43亿—4.19亿年前

泥盆纪
4.19亿—3.59亿年前

石炭纪
3.59亿—2.99亿年前

二叠纪
2.99亿—2.52亿年前

三叠纪
2.52亿—2.01亿年前

侏罗纪
2.01亿—1.45亿年前

白垩纪
1.45亿—6600万年前

古近纪
6600万—2300万年前

新近纪
2300万—260万年前

第四纪
260万年前至今

你知道吗？

南方巨兽龙，全称卡罗利尼南方巨兽龙，是被一名业余的恐龙"猎人"鲁本·达里奥·卡罗利尼发现的，故种名以其名字命名。

63

风神翼龙

——史前滑翔机

想象一下，有这样一种动物，它在陆地上时和长颈鹿一样高，而在空中展开羽翼时和战斗机一样大。风神翼龙完全符合你的想象，它是目前已知最大的飞行类爬行动物，是翼龙的一种。翼龙生活在2.3亿—6600万年前，与恐龙处于同一时期。而且和恐龙一样，随着不断地进化，

翼龙也变得越来越大……

在7000万年前，**风神翼龙**很可能是天空之王。但如今没人清楚这个庞然大物究竟是如何成功起飞的。一些科学家认为，它可能借助悬崖跳下来起飞，或者至少需要一段斜坡来助跑。另一些科学家却认为，它可能失去了飞行能力，并适应了陆地上的生活，就像现在的鸵鸟。

风神翼龙吃什么至今也是个谜。有些人认为，它低飞掠过水面时，可以用几米长的喙叼起水中的鱼——但它住在离海数百千米的地方。其他人认为，它细长的喙非常适合啄食尸体——或许和秃鹫一样，它以食腐肉为生；又或许和鹳一样，只猎食浅滩上的小动物。

风神翼龙
发现地：北美洲
体长：10～11米

前寒武纪 45.4亿—5.41亿年前
寒武纪 5.41亿—4.85亿年前
奥陶纪 4.85亿—4.43亿年前
志留纪 4.43亿—4.19亿年前
泥盆纪 4.19亿—3.59亿年前
石炭纪 3.59亿—2.99亿年前
二叠纪 2.99亿—2.52亿年前
三叠纪 2.52亿—2.01亿年前
侏罗纪 2.01亿—1.45亿年前
白垩纪 **1.45亿—6600万年前**
古近纪 6600万—2300万年前
新近纪 2300万—260万年前
第四纪 260万年前至今

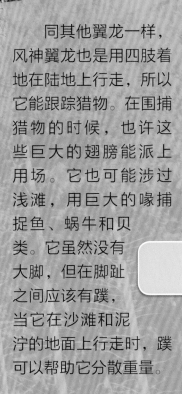

同其他翼龙一样，风神翼龙也是用四肢着地在陆地上行走，所以它能跟踪猎物。在围捕猎物的时候，也许这些巨大的翅膀能派上用场。它也可能涉过浅滩，用巨大的喙捕捉鱼、蜗牛和贝类。它虽然没有大脚，但在脚趾之间应该有蹼，当它在沙滩和泥泞的地面上行走时，蹼可以帮助它分散重量。

你知道吗？

一项研究表明，这个天空之王能够以130千米/时的速度飞翔在4572米的高空，并且可以连续7～10天不停歇。想象一下它从你的头顶飞过的感觉！

65

慈母龙

——母性光辉

与哺乳动物不同的是，大多数爬行动物都不太可能赢得"最佳育儿奖"。通常，它们产下蛋后就会弃之不顾。当然，也有例外。比如蟒蛇会孵蛋，鳄鱼也会照料它们的蛋和幼崽。但是，看看植食性慈母龙——

它们实在太有爱了。

20世纪70年代，在美国蒙大拿州西部的"蛋山"，发现了200多具**慈母龙**化石。研究表明，这片区域是慈母龙的筑巢地。每年的繁殖季节，这些恐龙就会回巢产蛋，并且照顾它们的孩子。

在这片区域，雌慈母龙会在地上挖一个巢穴，然后产下约20枚葡萄柚大小的蛋。它不是坐着孵蛋，而是用腐烂的植被覆盖着蛋。巢穴之间相隔约7米，这样成年慈母龙就可以在中间轻松地跨来跨去，而不必担心会把蛋压碎。

这些幼崽孵化出来的时候，体长大约只有40厘米。第一个月，妈妈会给它们吃植物的芽、叶子和浆果。很快，幼崽就能从烤箱那么大，长到坦克那么大。

慈母龙幼崽

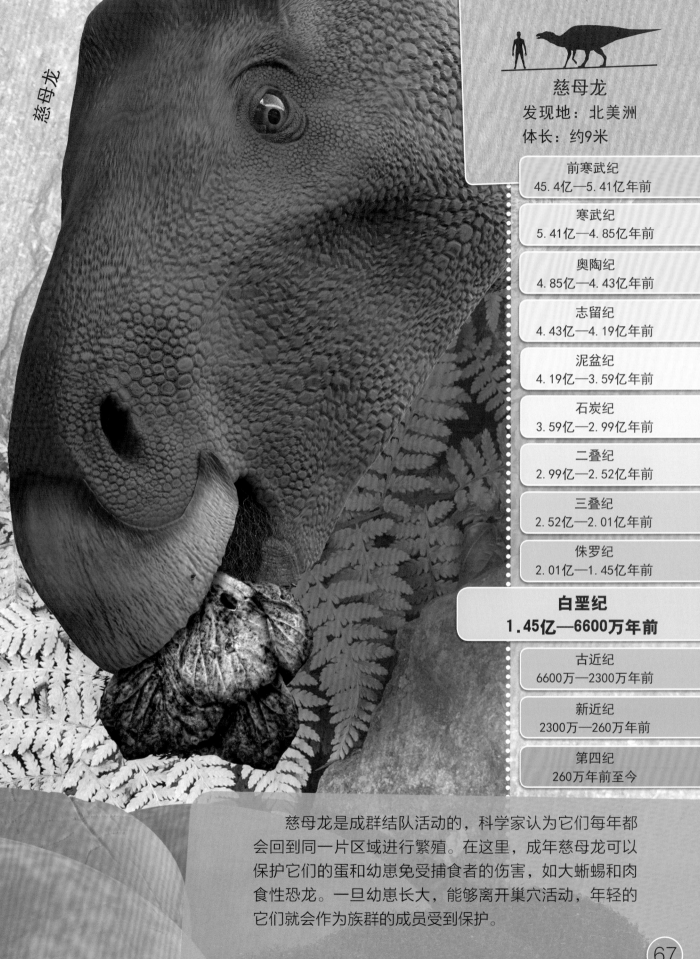

慈母龙

慈母龙

发现地：北美洲

体长：约9米

| 前寒武纪 45.4亿—5.41亿年前 |
| 寒武纪 5.41亿—4.85亿年前 |
| 奥陶纪 4.85亿—4.43亿年前 |
| 志留纪 4.43亿—4.19亿年前 |
| 泥盆纪 4.19亿—3.59亿年前 |
| 石炭纪 3.59亿—2.99亿年前 |
| 二叠纪 2.99亿—2.52亿年前 |
| 三叠纪 2.52亿—2.01亿年前 |
| 侏罗纪 2.01亿—1.45亿年前 |

白垩纪
1.45亿—6600万年前

| 古近纪 6600万—2300万年前 |
| 新近纪 2300万—260万年前 |
| 第四纪 260万年前至今 |

慈母龙是成群结队活动的，科学家认为它们每年都会回到同一片区域进行繁殖。在这里，成年慈母龙可以保护它们的蛋和幼崽免受捕食者的伤害，如大蜥蜴和肉食性恐龙。一旦幼崽长大，能够离开巢穴活动，年轻的它们就会作为族群的成员受到保护。

原角龙
——夜间捕食

原角龙非常容易受到捕食者的攻击。它既没有硬甲也没有角，而且位于它头骨后方的颈盾也非常的脆弱。实际上，颈盾很有可能是用来吸引异性的，而不是起保护作用。因而一些科学家认为，原角龙只敢在夜间出没。他们指出原角龙的眼睛很大，这能帮助它

在黑暗中看清东西。

其他的科学家则认为，它也会在白天出现，只不过是短暂性的。

窃蛋龙

窃蛋龙是一种小型的似鸟类恐龙，大约生活在8000万年前的亚洲。和鸟类一样，它的身体也被羽毛覆盖，有一个坚硬的胸腔和没有牙齿的喙状嘴。它以什么为食还存在疑问，但它喙状嘴的形状表明它应该是吃软体动物（如蜗牛）和甲壳类动物（如螃蟹、龙虾）。它可能也会利用自己尖锐的喙状嘴嚼碎植物，或者咬开水果和坚果。

原角龙
发现地：亚洲
体长：约1.8米

前寒武纪 45.4亿—5.41亿年前
寒武纪 5.41亿—4.85亿年前
奥陶纪 4.85亿—4.43亿年前
志留纪 4.43亿—4.19亿年前
泥盆纪 4.19亿—3.59亿年前
石炭纪 3.59亿—2.99亿年前
二叠纪 2.99亿—2.52亿年前
三叠纪 2.52亿—2.01亿年前
侏罗纪 2.01亿—1.45亿年前
白垩纪 1.45亿—6600万年前
古近纪 6600万—2300万年前
新近纪 2300万—260万年前
第四纪 260万年前至今

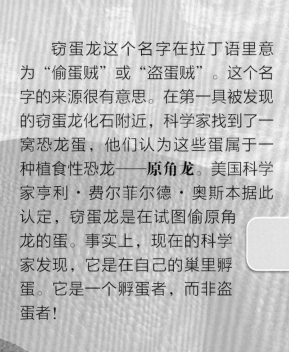

原角龙

窃蛋龙这个名字在拉丁语里意为"偷蛋贼"或"盗蛋贼"。这个名字的来源很有意思。在第一具被发现的窃蛋龙化石附近，科学家找到了一窝恐龙蛋，他们认为这些蛋属于一种植食性恐龙——**原角龙**。美国科学家亨利·费尔菲尔德·奥斯本据此认定，窃蛋龙是在试图偷原角龙的蛋。事实上，现在的科学家发现，它是在自己的巢里孵蛋。它是一个孵蛋者，而非盗蛋者！

你知道吗？

2011年，一具原角龙化石在波兰展出。在这具骨骼化石的发现地附近，科学家还发现了它的足迹化石。这是唯一一次恐龙的足迹化石和骨骼化石一起被发现。

69

尖角龙

——大迁徙

几百年前，北美野牛常常成群结队地横穿北美洲，进行大规模的迁徙。而在7500万年前，尖角龙为了寻找更好的植被，也曾横穿了北美洲。尖角龙体形比北美野牛大，它们一个迁徙群体大约有1000只。

想象一下——

尘土漫天飞扬，成百上千头尖角龙的脚步声汇成鼓点，轰隆作响，仿佛连大地都产生了震动。我猜就连最凶猛的肉食性恐龙也会被吓到。

尖角龙

在加拿大阿尔伯塔省，有一个被称为"骨床"的巨大坟墓，人们在里面发掘出一个完整的**尖角龙**化石群体。科学家起初认为，这个巨大的坟墓是一群尖角龙试图过河时遭遇山洪暴发所形成的。然而，在另一处的发现推翻了这个结论。那里有不少于14处这样巨大的坟墓，科学家认为这很可能是当时海边吹来的一场大飓风造成的。

你可以想象一下：天色变暗，微风渐起……然后突然暴雨如注，狂风不止，海水涌向陆地。随着水位升高，鸟儿飞走了，小型哺乳动物和爬行动物匆忙爬上树，有些甚至冒险尝试游泳。不过，缓慢而笨拙的尖角龙很可能没注意这些。而且在平坦的加拿大陆地上，它们又能逃到哪儿去呢？

尖角龙
发现地：北美洲
体长：约5米

前寒武纪 45.4亿—5.41亿年前
寒武纪 5.41亿—4.85亿年前
奥陶纪 4.85亿—4.43亿年前
志留纪 4.43亿—4.19亿年前
泥盆纪 4.19亿—3.59亿年前
石炭纪 3.59亿—2.99亿年前
二叠纪 2.99亿—2.52亿年前
三叠纪 2.52亿—2.01亿年前
侏罗纪 2.01亿—1.45亿年前
白垩纪 1.45亿—6600万年前
古近纪 6600万—2300万年前
新近纪 2300万—260万年前
第四纪 260万年前至今

在尖角龙亚科这个大家庭里，尖角龙有很多族亲，它们的头骨上都有不同的头盾和角。科学家认为，它们一直与自己的同类生活在一起，就像如今非洲大陆上群居的草食性动物一样。例如黑斑羚、跳羚和条纹羚，它们常常成群结伴出动，有危险时互相发出警告，以降低被捕食者猎杀的风险。

你知道吗？

尖角龙这个名字在希腊语里是"尖刺蜥蜴"的意思，"尖刺"指的是它头盾周围的小型角，而非鼻端上的角，因为在命名时还不知道鼻角的存在。

甲龙

——装甲恐龙

在白垩纪晚期，有许多大型的肉食性恐龙活跃在北美洲，包括恐龙之王雷克斯暴龙。不过，它选择猎物时需要非常小心谨慎，因为有些植食性恐龙进化出了防御盔甲，如甲龙，它们能用自己的秘密武器进行反击。

好戏开场！

甲龙简直就是一个史前坦克：它体长约7米，全副武装，还配备了致命武器。如果捕食者没被它的尖刺吓跑，那么覆盖在它头部、颈部、背部和尾巴上的防咬骨板，也能迅速毁掉捕食者的牙齿。

甲龙

甲龙唯一的弱点是它柔软的下腹部。然而，甲龙重达7吨，身体紧挨着地面，所以要想把它翻转过来基本上是不可能的，即使是雷克斯暴龙也做不到。而且，那些蠢蠢欲动的捕食者最好小心点，因为甲龙会狠狠地猛甩它的尾巴。在它尾巴的末端长有粗壮的尾锤，能轻易击碎骨头。

戟龙（如下图）也同样可怕。它有一个巨大的头盾，其边缘有一连串危险的尖刺。此外，在它鼻骨上方还有一个长达60厘米的尖角。它的这些利器，有愿意领教的吗？

甲龙

发现地：北美洲
体长：约7米

前寒武纪 45.4亿—5.41亿年前
寒武纪 5.41亿—4.85亿年前
奥陶纪 4.85亿—4.43亿年前
志留纪 4.43亿—4.19亿年前
泥盆纪 4.19亿—3.59亿年前
石炭纪 3.59亿—2.99亿年前
二叠纪 2.99亿—2.52亿年前
三叠纪 2.52亿—2.01亿年前
侏罗纪 2.01亿—1.45亿年前

白垩纪
1.45亿—6600万年前

古近纪 6600万—2300万年前
新近纪 2300万—260万年前
第四纪 260万年前至今

甲龙的大脑非常小，不会比青柠或柠檬大多少。或许只有恐龙里最不聪明的剑龙，大脑里的灰质才会比它更少。不过，甲龙并不需要高智商。它要做的就是蹲着身子，咀嚼植物，一旦有捕食者误袭了它，它只要甩甩尾巴就完事了。

戟龙

你知道吗？

一些科学家认为，戟龙能用它的角、喙状嘴和笨重的身体把树撞倒，然后吃树上的叶子和嫩枝。

73

雷克斯暴龙

——恐龙之王

你也许会认为雷克斯暴龙只会欺负小型动物，实际上它们之间的战斗也是很常见的。因为在一只雷克斯暴龙的化石上发现的咬痕，正是另一只雷克斯暴龙留下的。

雷克斯暴龙为什么会相互打架？

要知道，消灭一个竞争对手，就意味着在这个区域捕猎更容易。而且，为一个配偶、一具腐尸而战，也是值得的。

来见识一下这个终极"碎骨机"吧！在白垩纪晚期，**雷克斯暴龙**是无可争议的恐龙之王。它高约6米，和两层楼房的高度差不多。

它的头骨长约1.5米，颌骨长约1米，而在它的颌骨上有60颗长约30厘米的牙齿。你能想象出比香蕉还大的牙齿吗？

2012年，科学家推算出雷克斯暴龙的咬合力大约是5.7万牛顿，这个力度相当于将13架平台大钢琴砸到猎物身上。它是目前已知的咬合力最强的陆生动物。除此之外，水中也有不少咬合力惊人的动物。比如巨齿鲨，它是一种巨型鲨鱼，大约在150万年前灭绝，它的咬合力能达到惊人的18万牛顿。而与雷克斯暴龙生活在同一时期的恐鳄，主要活动区域是北美洲，它强大的咬合力接近10万牛顿。

雷克斯暴龙长达30厘米的牙齿是不可或缺的：科学家预估，它一口就能咬下230千克的皮肉。显然，它去攻击一个重达7吨的同伴也不足为奇了，那可是一顿丰盛的美餐。

当两只雷克斯暴龙争斗时，对手的脖子和颌部是主要的攻击目标。如果瞄准对方身体的其他任何部位进攻，反而会给对手制造反击的机会。

雷克斯暴龙

事实上，雷克斯暴龙并不是唯一捕食自己同类的恐龙。玛君龙生活在8400万—7000万年前的马达加斯加，它也会猎食自己的同类。

雷克斯暴龙
发现地：北美洲
体长：约12.2米

前寒武纪
45.4亿—5.41亿年前

寒武纪
5.41亿—4.85亿年前

奥陶纪
4.85亿—4.43亿年前

志留纪
4.43亿—4.19亿年前

泥盆纪
4.19亿—3.59亿年前

石炭纪
3.59亿—2.99亿年前

二叠纪
2.99亿—2.52亿年前

三叠纪
2.52亿—2.01亿年前

侏罗纪
2.01亿—1.45亿年前

白垩纪
1.45亿—6600万年前

古近纪
6600万—2300万年前

新近纪
2300万—260万年前

第四纪
260万年前至今

你知道吗？

雷克斯暴龙的前肢为什么如此短，谁也没法下定论。它的前肢可能是用来抓捕猎物的，但现实是它们太短了，就连把肉放进嘴里都困难——可能是它的颌部承担了大部分工作！

小行星撞击
——生物大灭绝

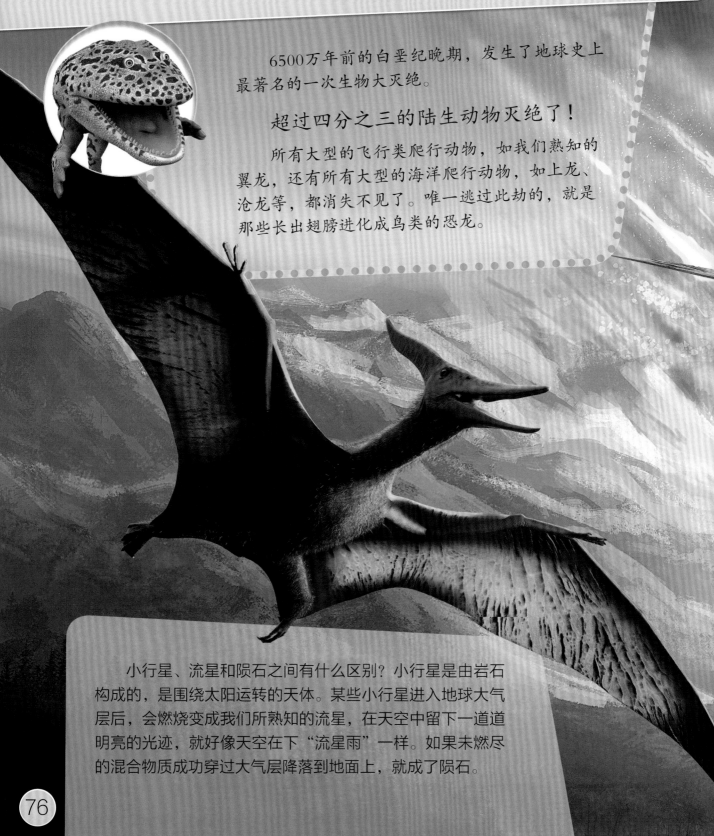

6500万年前的白垩纪晚期，发生了地球史上最著名的一次生物大灭绝。

超过四分之三的陆生动物灭绝了！

所有大型的飞行类爬行动物，如我们熟知的翼龙，还有所有大型的海洋爬行动物，如上龙、沧龙等，都消失不见了。唯一逃过此劫的，就是那些长出翅膀进化成鸟类的恐龙。

小行星、流星和陨石之间有什么区别？小行星是由岩石构成的，是围绕太阳运转的天体。某些小行星进入地球大气层后，会燃烧变成我们所熟知的流星，在天空中留下一道道明亮的光迹，就好像天空在下"流星雨"一样。如果未燃尽的混合物质成功穿过大气层降落到地面上，就成了陨石。

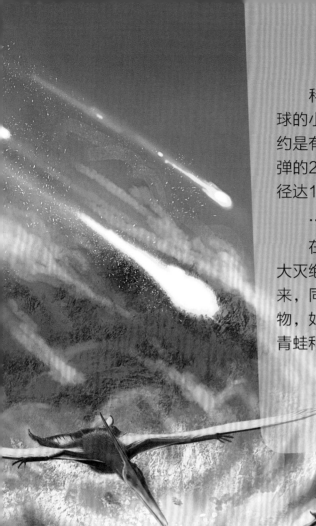

科学家估计，这颗撞击地球的小行星所产生的冲击力，大约是有史以来引爆威力最强的核弹的200万倍。它形成了一个直径达180千米的陨石坑。

·············

在白垩纪晚期的这次生物大灭绝中，乌龟和鳄鱼幸存了下来，同时幸存的还有一些小型动物，如蜗牛、蛇，以及火蜥蜴、青蛙和鬣蜥等小型两栖动物。

前寒武纪
45.4亿—5.41亿年前

寒武纪
5.41亿—4.85亿年前

奥陶纪
4.85亿—4.43亿年前

志留纪
4.43亿—4.19亿年前

泥盆纪
4.19亿—3.59亿年前

石炭纪
3.59亿—2.99亿年前

二叠纪
2.99亿—2.52亿年前

三叠纪
2.52亿—2.01亿年前

侏罗纪
2.01亿—1.45亿年前

白垩纪
1.45亿—6600万年前

古近纪
6600万—2300万年前

新近纪
2300万—260万年前

第四纪
260万年前至今

恐龙在地球上存活了1.65亿年之久。那么它们为什么会突然灭绝呢？1980年，美国科学家路易斯·阿尔瓦雷茨给出了答案。他发现白垩纪晚期的沉积岩中含有大量铱元素，这是一种在地球上很少见但在小行星上普遍存在的金属。因此，他相信一定是当时有一颗巨大的小行星撞击过地球，从而导致了恐龙的灭绝。

问题是小行星留下的巨大陨石坑在哪里呢？当科学家在墨西哥附近的海床上发现了希克苏鲁伯陨石坑时，答案出现了。这个大坑是由一颗直径达10千米的大陨石造成的。这颗大陨石与地球相撞后，产生了大量的尘埃，而这些尘埃进入地球大气层便遮住了太阳。

没有了阳光，很多植物相继死亡，植食性恐龙因而失去了食物来源。没有了植食性恐龙，肉食性恐龙也没东西可吃，恐龙的时代就此终结。

你知道吗？

白垩纪晚期的大灭绝，并不是地球史上唯一的一次大灭绝。历史上一共发生过5次大灭绝。最糟糕的一次发生在距今2.52亿年前的二叠纪晚期，当时约有95%的物种灭绝了。科学家认为，这次灭绝是由巨大的火山爆发造成的，它持续了数万年！

恐爪龙

一些科学家认为恐爪龙并不是以群体的方式捕猎，而是像印度尼西亚的科莫多巨蜥一样采用一种更加"自私"的方式。这些带有毒液的巨蜥会咬伤猎物，然后等待它们毒发身亡后再享用美餐。如果其他科莫多巨蜥闻到了猎物的气味，都会过来争食。这就可以解释为什么时常能在单只腱龙的旁边发现许多恐爪龙的化石。恐爪龙会通过互相残杀来争夺最好的食物。

甲龙

白垩纪晚期，甲龙也在最后消亡的恐龙之列。饥饿的雷克斯暴龙并没有消灭它，反倒是6500万年前的小行星撞击地球导致了它走向灭绝。

施氏无畏龙

施氏无畏龙是雷龙的一种，属于蜥脚类植食性恐龙。和大部分的蜥脚类恐龙相比，它的头部更为袖珍。它的身体被坚硬的骨板覆盖着，部分骨板正如它庞大的身躯一样巨大无比。

棘龙

2014年，在摩洛哥新发现的棘龙化石表明它很可能是个游泳健将，而且还会捕食鲨鱼。它的头盖骨和鳄鱼的相似，鼻孔就长在头盖骨的顶部，所以当它的头部潜入水下时，它还能呼吸。它有长长的脚、大而扁平的爪子，专家据此推断它的脚趾间也有蹼，能帮助它游泳和在湿地上行走。

风神翼龙

1971年，美国一名地质学专业的学生道格拉斯·劳森在得克萨斯州的大本德国家公园首次发现了风神翼龙的化石。他以阿兹特克文明里的羽蛇神为它命名。

窃蛋龙

窃蛋龙双脚的第二趾有一个弯曲的利爪，它能用这对利爪出其不意地袭击猎物。为了保持利爪的锋利，它在行走时会收起第二趾，而仅靠第三和第四趾着地。

尖角龙

尖角龙以什么为食尚不清楚。它生活在7700万—7500万年前，而草在7000万年前才进化出来。因而，它很有可能是吃苏铁类、棕榈类植物厚厚的树叶和嫩枝，或许还有蕨类植物。

原角龙

原角龙在希腊语中意为"第一张有角的脸"。原角龙是最早出现的角龙类恐龙，同时也是有喙嘴的植食性恐龙。后来出现的角龙类还包括著名的三角龙、尖角龙和戟龙。这些恐龙都比原角龙大得多。

雷克斯暴龙

一些科学家声称，雷克斯暴龙是"拾荒者"而不是"猎人"，换句话说，它不捕杀猎物，而专吃腐尸。然而在2013年，美国古生物学家大卫·伯纳姆在一只植食性鸭嘴龙化石的尾巴上发现了雷克斯暴龙的牙齿咬痕。鸭嘴龙的伤口已愈合，它在这次攻击中幸存了下来。这表明雷克斯暴龙曾试图捕杀活的动物，因此它也是一个"猎人"。

四　哺乳动物的崛起

哺乳动物的崛起

嗨，我是棘螈阿克利，我又回来了。

我会继续给你讲述这个世界上最伟大的故事——地球上的生命是如何进化的，或者换一种说法——

我们都是怎么来到这儿的。

在前面的章节中，我们发现了那些小得只能用显微镜才能看得见的微生物是如何进化成大恐龙的。

接下来，我将带你走进恐龙灭绝后的世界。那个时代，哺乳动物成为世界的统治者，它们有些甚至和恐龙一样恐怖。比如犀牛般大小的巨猪，它的头骨有垃圾桶那么大，咬合力惊人；或者体长达15米的利维坦鲸，它的牙齿长约36厘米——超过了你的前臂到手指的距离。

可怕的不仅仅只有哺乳动物哦！

你知道吗？骇鸟有着巨大的尖喙，体形比人类还高大，是南美洲顶级的捕食者。

如果在你的认知里，大白鲨非常可怕，那你应该去了解一下巨齿鲨。它与利维坦鲸生活在同一时期，当它们头撞头地发起史上最精彩的水下战斗时，你可以看看究竟发生了什么。

赶紧跟上，接着往下看吧！

改朝换代
——哺乳动物趁势崛起

如同爬行动物和两栖动物一样，哺乳动物也是四足动物。你知道谁是最早的四足动物吗？

是的，没错，就是我！

你们智人是从像我这样的生物进化而来的。告诉你哦，为了迎接你的到来，我们可是经历了长时间的进化发展。大约在3.65亿年前，我就长出四肢，爬上了河岸。约2.1亿年前，第一种哺乳动物出现，而智人作为一种知名的物种，大约在20万年前才出现。

哺乳动物与恐龙共存的时间长达1.45亿年之久，但是它们一直非常低调。它们中的大多数仅有老鼠般大小，只在晚上才冒险出来活动。为此，许多恐龙都开始在夜间捕猎。

自从6500万年前恐龙灭绝之后，哺乳动物的生存环境就变得没那么可怕了，它们的食物来源更加多样，栖息地的范围也更加广阔。其中，有些动物学会了爬树，如灵长类动物；有些动物长出了能滑翔或飞行的翼膜，如蝙蝠和**游弋兽**；有些甚至回到水里，四肢退化演变成了鲸鱼（见第94—95页）和海豚。

带齿兽

假熊猴

游弋兽

假熊猴

发现地：欧洲和北美洲

体长：30～40厘米

前寒武纪
45.4亿—5.41亿年前

寒武纪
5.41亿—4.85亿年前

奥陶纪
4.85亿—4.43亿年前

志留纪
4.43亿—4.19亿年前

泥盆纪
4.19亿—3.59亿年前

石炭纪
3.59亿—2.99亿年前

二叠纪
2.99亿—2.52亿年前

三叠纪
2.52亿—2.01亿年前

侏罗纪
2.01亿—1.45亿年前

白垩纪
1.45亿—6600万年前

古近纪
6600万—2300万年前

新近纪
2300万—260万年前

第四纪
260万年前至今

这些哺乳动物都生活在5600万—4500万年前的北美洲。

假熊猴非常小，是最早出现的灵长类动物之一。它和同为灵长类动物的人类有一些相似的特征。比如它的脸部相对平坦，而不是向外突出；手指灵活，能抓稳树枝；还有一个相对发达的大脑。

你知道吗？

现今最大的哺乳动物是蓝鲸，它的体长约有27.6米，体重能达到190吨。而最小的哺乳动物是泰国猪鼻蝙蝠，又被称为大黄蜂蝙蝠。它体形娇小，体长约3厘米，体重只有2克。它生活在泰国的洞穴里，是一种濒危的物种。

剑齿虎

——狡猾的肉食者

剑齿虎是一种长着锐利的长犬牙的猫科动物。约在1万年前的南、北美洲，还能看到它游荡的身影。

黄昏犬是最早的狗，它生活在距今4000万—3500万年前的北美洲。它的体形大小和狐狸差不多，可能是以群居方式生活，活动范围不是树上就是地下洞穴里。最早的猫叫**原小熊猫**，生存于3000万—2500万年前的欧洲。

与**肉齿目动物**（右图）不同的是，猫和狗都是捕猎能手。它们身体健壮、动作迅速且生性狡猾，有极好的视觉、听觉和嗅觉。

黄昏犬是已知最早的狗。

黄昏犬

剑齿虎

狗和猫进化出了不同的狩猎方式。狗和它的近亲狼常常成群结伴地追逐猎物，直到猎物筋疲力尽。有些大型猫科动物也会群居，但它们狩猎的方式更加狡猾——总是悄悄地靠近猎物，再突然袭击。

最早开始捕食其他哺乳动物的要数肉齿目动物。它们生活在5500万—3500万年前，锋利的牙齿堪比剪刀。

因而它们捕食其他的动物很容易！

然而，它们大脑很小，行动迟缓，而且腕部不能向内翻转，所以无法绊倒、抓住和切割猎物。

肉齿目动物

肉齿目动物是最早的肉食性哺乳动物之一。

剑齿虎

发现地：南、北美洲平原

体长：约1.8米

前寒武纪 45.4亿—5.41亿年前
寒武纪 5.41亿—4.85亿年前
奥陶纪 4.85亿—4.43亿年前
志留纪 4.43亿—4.19亿年前
泥盆纪 4.19亿—3.59亿年前
石炭纪 3.59亿—2.99亿年前
二叠纪 2.99亿—2.52亿年前
三叠纪 2.52亿—2.01亿年前
侏罗纪 2.01亿—1.45亿年前
白垩纪 1.45亿—6600万年前

古近纪
6600万—2300万年前

新近纪
2300万—260万年前

第四纪
260万年前至今

剑齿虎捕猎的方式非常狡猾。它巨大的犬牙长约30厘米，但它的牙齿容易损坏，颌部的肌肉也软弱无力，所以不能冒险卷入战斗中。

科学家认为它是躲在树丛中突袭猎物。首先，它用牙齿猛刺进猎物的脖子，然后再用肌肉发达的前肢迅速杀死猎物。

巨齿鲨
——疯狂的海洋杀手

巨齿鲨在希腊语中意为"巨大的牙齿"。如果你看到它的牙齿，你就会明白真是名不虚传。它的牙齿长约18厘米，呈锯齿状，异常锋利，远远超过如今的大白鲨——大白鲨牙齿的长度仅有3厘米。

然而巨齿鲨如此可怕的原因，不仅仅在于它拥有巨大的牙齿，更在于这些牙齿撕咬时所产生的咬合力。2012年，科学家估算出它的咬合力是雷克斯暴龙的3倍多，几乎是一头狮子的50倍。

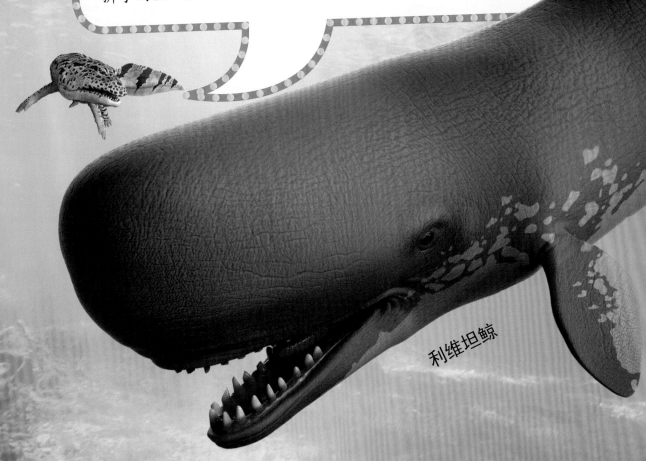

利维坦鲸

巨齿鲨生活在2300万—260万年前。由于它的体形有巴士那么大，它一餐消耗的食物也相当多。对于巨齿鲨来说，巨型侧颈龟或许是道美味的开胃菜。巨型侧颈龟的壳长约3米，宽约2米。在巨齿鲨眼里，它就像一根吃起来嘎吱嘎吱响的炸薯条。

至于主菜，巨齿鲨肯定会选择一条美味的胖鲸鱼——在很多鲸鱼化石上都发现了巨齿鲨的咬痕，尤其是在鲸鱼的鳍骨和尾鳍的椎骨上。

巨齿鲨

巨齿鲨甚至会将**利维坦鲸**锁定为目标，不过这可能有点冒险。利维坦鲸是一种巨大的抹香鲸，生活在1300万—1200万年前。它的体长几乎和巨齿鲨一样，但它的牙齿更长，约有36厘米。这真是一场血淋淋的战斗！

人们在海洋里发现了巨齿鲨的牙齿化石以及少量的脊椎化石。除此之外，再也没有发现过巨齿鲨其他部位的化石。巨齿鲨的大部分骨头都是由软骨组织构成，这些软骨并没有很好地形成化石，因此，科学家只能根据这些找到的化石推算出巨齿鲨的大小。

巨齿鲨
发现地：全球海域
体长：约16米

前寒武纪 45.4亿—5.41亿年前
寒武纪 5.41亿—4.85亿年前
奥陶纪 4.85亿—4.43亿年前
志留纪 4.43亿—4.19亿年前
泥盆纪 4.19亿—3.59亿年前
石炭纪 3.59亿—2.99亿年前
二叠纪 2.99亿—2.52亿年前
三叠纪 2.52亿—2.01亿年前
侏罗纪 2.01亿—1.45亿年前
白垩纪 1.45亿—6600万年前
古近纪 6600万—2300万年前
新近纪 **2300万—260万年前**
第四纪 260万年前至今

你知道吗？

科学家认为，巨齿鲨应该是先攻击鲸鱼的鳍将它固定住，然后再开始吃它的身体。

巨犀
——超大型哺乳动物

如果你认为大象、大猩猩和犀牛很大的话，那么你应该来见识一下这些曾游荡在地球上的

超大型哺乳动物！

5米

4米

砂犷兽生存于2500万—500万年前。这种怪兽体长约3米，它的前肢比后肢长，而且上面长着爪子而不是蹄，它的爪子很可能是用来拽拉植物叶子的。科学家认为，它是用前肢指关节走路的，就像现在的大猩猩一样。砂犷兽很可能与现代的马存在亲缘关系，但它肯定没有现代的马英俊。

3米

砂犷兽

2米

1米

巨犀

来见识一下有史以来最大的陆生哺乳动物巨犀吧！它生活在3400万—2300万年前的亚洲，重15—20吨，相当于4头非洲象的重量。它的肩高约4.8米，站立时比三个成年人叠在一起还要高。

它的脖颈很长，可以轻松够到大树最顶端的叶子。因为没有其他陆生哺乳动物可以够到那么高，所以它的食物来源很充足，这也就解释了它能在地球上存活1000多万年的原因。科学家认为，当亚洲的森林变成大草原时，巨犀走向了灭绝。

巨犀

发现地：亚洲平原
体长：8～9米

前寒武纪
45.4亿—5.41亿年前

寒武纪
5.41亿—4.85亿年前

奥陶纪
4.85亿—4.43亿年前

志留纪
4.43亿—4.19亿年前

泥盆纪
4.19亿—3.59亿年前

石炭纪
3.59亿—2.99亿年前

二叠纪
2.99亿—2.52亿年前

三叠纪
2.52亿—2.01亿年前

侏罗纪
2.01亿—1.45亿年前

白垩纪
1.45亿—6600万年前

古近纪
6600万—2300万年前

新近纪
2300万—260万年前

第四纪
260万年前至今

你知道吗？

巨猿，体长约3米，是真正的大脚兽，它生活在10万年前。科学家在越南、中国和印度都发现过它的牙齿和颌骨。

91

巨猪

——杀手猪

你认为猪是非常温和的生物，乐意整天在泥巴里翻滚、在地面上觅食度日，对吧？

那么，让我来给你介绍一下巨猪。

它可不是什么普通的农家猪。这种猪体形最小的也有现代猪的两倍。那最大的呢？几乎和犀牛一样大。虽然巨猪可能与鹿、马、牛、长颈鹿出自同一个哺乳动物家族，但是它显然不是很爱好和平……

巨猪

恐颌猪是巨猪类中最大的一种。它生活在距今2000万年前，它有一个长约90厘米的巨大头骨，几乎和垃圾箱一样大！而且，为了配合它强有力的咬肌，它的头骨有两个特别宽的颧骨。

巨猪
发现地：亚洲、欧洲和美洲
体长：约3.5米

前寒武纪
45.4亿—5.41亿年前

寒武纪
5.41亿—4.85亿年前

奥陶纪
4.85亿—4.43亿年前

志留纪
4.43亿—4.19亿年前

泥盆纪
4.19亿—3.59亿年前

石炭纪
3.59亿—2.99亿年前

二叠纪
2.99亿—2.52亿年前

三叠纪
2.52亿—2.01亿年前

侏罗纪
2.01亿—1.45亿年前

白垩纪
1.45亿—6600万年前

为什么巨猪通常被称为杀手猪呢？因为它有着足以咬碎骨头的巨大牙齿。在原始犀牛、骆驼和牛的骨骼化石上，都曾发现过巨猪啃咬的痕迹。然而，这些可怕的巨猪到底是像秃鹫一样吃动物的尸体，还是像狮子一样攻击、猎杀动物，科学家对此说法不一。

它肯定也攻击过自己的同类。许多被发掘出的巨猪头骨上都有深达2厘米的伤口，而这些伤口只可能是其他巨猪造成的。实际上，一头巨猪咬住另一头巨猪的头部似乎是很常见的！幸运的是，像现代疣猪一样，巨猪头骨上也有能保护它的眼睛和鼻子的骨块。

古近纪
6600万—2300万年前

新近纪
2300万—260万年前

第四纪
260万年前至今

你知道吗？

和现代的猪一样，巨猪可能也是杂食性动物，在没肉吃的情况下，它很可能就会挖树根和块茎充饥。

游走鲸

——行走的鲸鱼

大约在3.65亿年前，我进化出了腿、手指和脚趾。我的后代也很快爬上岸，开始享受陆地生活。

然而，约3.15亿年后，不少生活在陆地上的哺乳动物又开始返回海洋，如鲸鱼。

它们为什么会这么做？

极有可能是因为当时陆地上食物稀缺，而海洋里充满了令它们无法抗拒的美味。

鲸鱼的变化

鲸鱼的四肢退化，进化出了流线型的外形，非常适合游泳。它身体的很多部位也发生了改变：

喷气孔："鼻子"从面部转移到头顶。这意味着即使鲸鱼的身体在水里，它也能呼吸。

肺：鲸鱼擅长用肺呼吸！一次吸气，你的身体能吸入15%的氧气，而鲸鱼却可以吸入多达90%的氧气。

鲸脂：海洋深处非常冷，因为阳光很难照射到200米以下的海域。为了保暖，鲸鱼的皮肤下面形成了一层厚厚的脂肪，叫鲸脂。

巴基鲸——长相酷似狼，是已知最早的鲸鱼祖先。科学家之所以得出这个结论，是因为它的耳骨和鲸鱼的类似，它的踝骨与有蹄的陆生哺乳动物相似。它是肉食性动物，而且喜欢吃鱼，所以它开始进化出能帮助它游泳以便追逐海洋生物的身体。

游走鲸——意为"行走的鲸鱼"，它游泳时很可能像现代的鲸鱼一样，通过拱起脊椎、尾巴上下摆动来运动。和鲸鱼更相似的是，它也没有外耳，而是依靠颌骨接收振动。为了追踪陆地上的猎物，它可能会把头部紧贴地面来感受振动。

巴基鲸
5000万年前

游走鲸
5000万—4800万年前

库奇鲸
4600万—4300万年前。长尾能帮助它在水里快速穿梭。

罗德侯鲸
4800万—4100万年前。与鲸鱼一样，为了方便游泳，它的髋骨与脊骨没有长合。

矛齿鲸
4000万—3000万年前。它的鼻孔，或者说喷水孔，长在它的头顶上，它的前肢是像桨一样的鳍状肢。

大约在3000万年前，鲸鱼有两个分支：

齿鲸亚目，包括海豚和鼠海豚等。它们猎食其他大型海洋生物。为探测猎物，它们进化出了回声定位功能——从前额发出声脉冲信号，然后通过下颌感知这些声音的回声。

须鲸亚目，它们以小动物为食，口中没有牙齿，但是有鲸须板。它们张开嘴巴，就能吞进大量的小型海洋生物，如磷虾。

游走鲸
发现地：亚洲中部海岸
体长：约3米

前寒武纪
45.4亿—5.41亿年前

寒武纪
5.41亿—4.85亿年前

奥陶纪
4.85亿—4.43亿年前

志留纪
4.43亿—4.19亿年前

泥盆纪
4.19亿—3.59亿年前

石炭纪
3.59亿—2.99亿年前

二叠纪
2.99亿—2.52亿年前

三叠纪
2.52亿—2.01亿年前

侏罗纪
2.01亿—1.45亿年前

白垩纪
1.45亿—6600万年前

古近纪
6600万—2300万年前

新近纪
2300万—260万年前

第四纪
260万年前至今

你知道吗？

蓝鲸属于须鲸类的一种，是已知最重的鲸鱼。

骇鸟

——恐怖的鸟

你能想象出这样一种鸟吗？它的体形比成年人还高大，头骨长达70厘米，而且还拥有强大的钩状喙。没错，这就是**骇鸟**。它生活在6200万—180万年前，是南美洲顶级的捕食者。

骇鸟

骇鸟不会飞，可它却统治着陆地。它就像缩小版的雷克斯暴龙，有着巨大的头部、短小的翅膀、长而有力的腿和可怕的钩爪。

骇鸟有许多不同的种类，但大多数可能都是用大而重的钩状尖喙攻击猎物。

有一种生活在距今约2500万年前的巨大骇鸟。科学家认为，它首先会像挥舞短斧一样用尖喙猛戳进猎物的皮肉，形成很深的伤口，然后退到一个安全的距离等待猎物流血而亡。对于这种骇鸟来说，在与猎物搏斗的过程中，它的生命可能会就此结束，因为它的头骨很脆弱。

前寒武纪
45.4亿—5.41亿年前
寒武纪
5.41亿—4.85亿年前
奥陶纪
4.85亿—4.43亿年前
志留纪
4.43亿—4.19亿年前
泥盆纪
4.19亿—3.59亿年前
石炭纪
3.59亿—2.99亿年前
二叠纪
2.99亿—2.52亿年前
三叠纪
2.52亿—2.01亿年前
侏罗纪
2.01亿—1.45亿年前
白垩纪
1.45亿—6600万年前

古近纪
6600万—2300万年前

新近纪
2300万—260万年前

第四纪
260万年前至今

骇鸟生活在还没有和北美洲合并前的南美洲，它主要猎食草食性动物。大多数科学家认为骇鸟是一种极其灵活、敏捷的捕食者，奔跑速度可以达到48千米/时。

你知道吗？

有些鸟类会用喙来回摇晃猎物，甚至还会把猎物往地上摔。这样做不仅可以杀死猎物，而且还能够震碎猎物的骨头，方便吞咽！

双门齿兽

——不可思议的有袋类哺乳动物

虽然**双门齿兽**的身形和大小可能与犀牛相近，然而它却是真正温和的巨兽。它是一种有袋类动物，与袋鼠、树袋熊、袋熊同属一类。和所有的雌性有袋类哺乳动物一样，雌双门齿兽有一个供幼崽在里面成长的育儿袋。这个育儿袋的袋口朝后，就像现代的袋熊一样。事实上，双门齿兽有时也被称作"巨袋熊"。

最早的哺乳动物大约是在2.1亿年前出现的，它们通过产蛋繁衍后代，被称为单孔目动物。大约在1.25亿年前，哺乳动物进化出了2个新种类：有袋类哺乳动物和有胎盘类哺乳动物。

现存的单孔目哺乳动物有鸭嘴兽和针鼹两科，其中针鼹科包含4个种类，它们都生活在澳大利亚和新几内亚。

现今，有超过200种有袋类动物生活在澳大利亚及其附近的岛屿，还有100种生活在美洲。

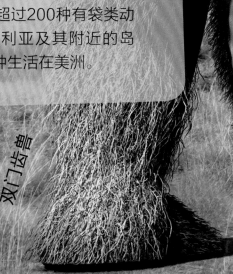

双门齿兽

有胎盘类哺乳动物是最常见的哺乳动物，大约有5000种。当然，其中也包括人类。

双门齿兽

发现地：澳大利亚

体长：约3米

前寒武纪 45.4亿—5.41亿年前
寒武纪 5.41亿—4.85亿年前
奥陶纪 4.85亿—4.43亿年前
志留纪 4.43亿—4.19亿年前
泥盆纪 4.19亿—3.59亿年前
石炭纪 3.59亿—2.99亿年前
二叠纪 2.99亿—2.52亿年前
三叠纪 2.52亿—2.01亿年前
侏罗纪 2.01亿—1.45亿年前
白垩纪 1.45亿—6600万年前
古近纪 6600万—2300万年前
新近纪 2300万—260万年前
第四纪 260万年前至今

雌性有胎盘类哺乳动物在体内孕育胎儿，直到胎儿发育完全，足以在外部环境生存，才会产下它们。而雌性有袋类哺乳动物胎儿在没有发育完全时就早产，它们出生后会爬到母亲的育儿袋里。在育儿袋里，它们吸吮母亲的乳汁，直到发育完全，做好了探索世界的准备。

有袋类哺乳动物在澳大利亚繁衍兴盛，在这里，它们没有来自有胎盘类哺乳动物的竞争。双门齿兽是行走在地球上的、最大的有袋类动物，它没有天敌，直到约4.6万年前人类出现。人类很可能大量猎杀这种温顺的野兽，导致其灭绝。

你知道吗？

有袋类哺乳动物得名于雌性的育儿袋，有胎盘类动物得名于雌性的胎盘。胎盘是雌性子宫里的一个器官，能让胎儿从母亲的血液中汲取营养。

南方古猿
——调皮的猴子

大约在500万年前，**地猿**和**南方古猿**做了一件非常了不起的事——他们开始直立行走。尽管他们在长长的胳膊、长而卷曲的手指和脚趾的帮助下仍然会爬树，但是当他们在地面上时，他们只用双脚站立，而不是手脚并用。

他们为什么要这样做呢？

科学家认为，他们这样做只是为了节省体力，看得更远，同时还能腾出双手去拿工具和食物。

雌性南方古猿

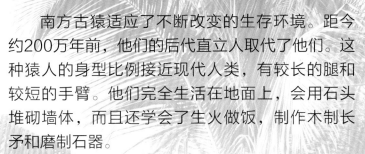

南方古猿适应了不断改变的生存环境。距今约200万年前，他们的后代直立人取代了他们。这种猿人的身型比例接近现代人类，有较长的腿和较短的手臂。他们完全生活在地面上，会用石头堆砌墙体，而且还学会了生火做饭，制作木制长矛和磨制石器。

直立人是人属的众多种类之一，但现在除了智人，也就是人类以外，其他都灭绝了。我们是现存的八种原始人类——或者说类人猿中的一种。剩余的其他种类包括两种黑猩猩、两种大猩猩和三种猩猩。

南方古猿

发现地：非洲

体长：约1.51米

前寒武纪
45.4亿—5.41亿年前

寒武纪
5.41亿—4.85亿年前

奥陶纪
4.85亿—4.43亿年前

志留纪
4.43亿—4.19亿年前

泥盆纪
4.19亿—3.59亿年前

石炭纪
3.59亿—2.99亿年前

二叠纪
2.99亿—2.52亿年前

三叠纪
2.52亿—2.01亿年前

侏罗纪
2.01亿—1.45亿年前

白垩纪
1.45亿—6600万年前

古近纪
6600万—2300万年前

新近纪
2300万—260万年前

第四纪
260万年前至今

雄性南方古猿

在20万—15万年前，智人在非洲进化发展。但直到7万年前，智人才开始周游世界——他们最先抵达亚洲，随后经过一些海岛到达澳大利亚。大约在3.5万年前，人类开始进入欧洲，然后约在1.5万年前踏入美洲大陆，他们在1000年前才涉足新西兰。

猛犸

——冰河时代的巨象

人类大约在3.5万年前进入欧洲，此时的地球正处于最后一个冰河时代的中期，他们与猛犸肩并肩地生活在一起。人类会猎杀这些大象家族的成员，因为在猛犸的骨骼化石上，科学家发现了被长矛刺中的伤痕。

人类猎杀**猛犸**不仅仅是为了得到肉。美餐结束后，他们可以用皮毛做衣服，用骨头建造房屋。大骨头用作地基，长牙作为入口，腿骨用来筑墙，外皮很可能是展开放在房顶挡雨。剩下的骨头可以做成小雕塑、武器或者生火的燃料。在乌克兰梅日里奇，考古学家发现了由149头猛犸的骨头建造的村落。

大约在1万年前，猛犸在欧洲、亚洲和北美洲消失了。不过，在一些岛上还能见到猛犸的踪迹——在阿拉斯加州的圣保罗岛，它们一直生活到6400年前；而在北冰洋的弗兰格尔岛，它们直到4000年前才消失。

那么，人类是如何杀死这些巨大的动物的呢？肯定用过矛。还有，在发现猛犸骸骨的附近经常能找到很多狗和狼的骨骼化石，因而一些专家认为人类或许会让半驯化的狗和狼围住猛犸，朝它咆哮使其不敢移动。人类也可能会用陷阱捕捉猛犸——有些洞穴的壁画似乎揭示了这种方法。

猛犸

猛犸

发现地：北美洲和欧亚大陆的平原

体长：约5米

前寒武纪
45.4亿—5.41亿年前

寒武纪
5.41亿—4.85亿年前

奥陶纪
4.85亿—4.43亿年前

志留纪
4.43亿—4.19亿年前

泥盆纪
4.19亿—3.59亿年前

石炭纪
3.59亿—2.99亿年前

二叠纪
2.99亿—2.52亿年前

三叠纪
2.52亿—2.01亿年前

侏罗纪
2.01亿—1.45亿年前

白垩纪
1.45亿—6600万年前

古近纪
6600万—2300万年前

新近纪
2300万—260万年前

第四纪
260万年前至今

你知道吗？

人类的狩猎并不是猛犸灭绝的唯一原因。约在1万年前，地球进入冰河时代的末期，导致猛犸赖以为生的植物停止了生长。

剑齿虎

剑齿虎在希腊语中是"像剑一样的牙齿"的意思。它没有强大到足以捕食成年猛犸（见第102—103页），但它可能会试图攻击年轻的猛犸。这两个物种都在最后一个冰河时代结束时灭绝了。

巨齿鲨

几个世纪以来，巨齿鲨的牙齿都被称为会说话的石头。1667年，尼古拉斯·斯坦诺，一个佛罗伦萨公爵的医生，将巨齿鲨的牙齿和现代鲨鱼的牙齿进行比较，得出它是已灭绝鲨鱼的牙齿的结论。由于斯坦诺的这个发现，许多人都称他为世界上第一位古生物学家。

骇鸟

大约在300万年前，南、北美洲合并在一起。一种名叫泰坦巨鸟的骇鸟迁移到了北美洲，人们在美国佛罗里达州发现了它的化石。它高约2.5米，重约150千克，脚上带有锋利的爪子，很可能是用来杀死猎物的。

利维坦鲸

2008年，当一个长3米、镶嵌着牙齿的头骨在秘鲁被发现时，利维坦鲸也为人们所熟知。科学家以《圣经》里的巨大怪物——利维坦为它命名。然而，现在也有科学家以"麦尔维尔"来称呼它，因为有一种乳齿象也使用了"利维坦"这个名字，那是一种与大象相关的、已灭绝的哺乳动物。

巴基鲸

20世纪70年代，在巴基斯坦境内喜马拉雅山麓距今5000万年前的始新世地层中，人们发现了巴基鲸的颅骨和牙齿化石。巴基鲸是鲸类家族最古老的成员，是陆生哺乳动物到现代鲸类的过渡物种。巴基鲸虽然被称为鲸，但它大部分时间都待在陆地上，只有捕猎时才会下海。

游走鲸

游走鲸和巴基鲸一样，都是早期鲸类的成员，也是在巴基斯坦附近发现的。与巴基鲸不同的是，它一半时间生活在陆地上，一半时间生活在水中，是一种半水生的哺乳动物。游走鲸的体长约3米，身形看起来像是鳄鱼和水獭的结合体。

猛犸

2013年5月，在西伯利亚一块巨大的冰块中发现了一头雌性猛犸，绰号毛毛。它已经4万岁了，但仍然保存完好，在它的肌肉组织里甚至还保留有血液。科学家认为或许可以从血液中提取DNA，克隆出一头新的猛犸。《侏罗纪公园》在未来或将成真哦！

双门齿兽

有袋类哺乳动物起源于南美洲。大约在5500万年前，南极洲和澳大利亚还是连在一起的，双门齿兽穿过南极洲抵达澳大利亚。刚出生的双门齿兽眼睛、耳朵和后肢都还没有长出来。不过，它的前肢、鼻孔和嘴巴都发育得很好，所以它能够爬到母亲的育儿袋里，吸吮母亲的乳汁继续成长。

索引

一

一

三

四